U0076536

奠定數學領域基礎！

# 從1開始的數學啟蒙書

## 自然數・質數

吉田武／著　陳朕疆／譯

## 「你好嗎？」是個充滿期待的話語

或許你曾覺得「數學離我很遙遠」。為了讓這樣的你充分享受到數學的樂趣，請試著將自己的熱情注入「你好嗎」這個特別的詞，以充滿期待、熱情的態度，有精神地喊出

**「數學，你好嗎？」**

**“Hello Mathematics ！”**

問候一下數學吧。為了讓更多人能說出「數學，你好嗎？」本書在內容上下了許多工夫。

不管名稱叫做「算數」還是「數學」、不管有沒有在學校學過，都請放寬心胸、帶著輕鬆的心情閱讀本書。如果學到了以前不知道的知識，說不定會帶給你一整天的好心情，還能成為和朋友間的話題喔！**那我們就開始囉，你好數學！**

作者

## 學習目標

學習數學時，通常會從學習「數」開始。本書中，我們會從自然數的性質開始學習，再來看看四則運算的規則，以及各種計算時會用到的詞吧。

接著要介紹的是「無限」所擁有的驚人性質。「不管再怎麼分割，都是『相同的東西』」──這是「阿列夫0」所擁有的神奇性質。讓我們來看看這種「無限」的有趣之處吧。

然後會講到如何利用數的原子──「質數」重新建構出自然數，也就是所謂的「質因數分解」。同時也會介紹到數字很大的質數，可以應用在現代資訊社會中不可或缺的「密碼」上。

最後，讓我們來談談決定了質數分配的「質數定理」。由質數定理可以發展出新的數學世界，數學家們把它稱為「ζ（zeta）的世界」。這與現代數學中最大的問題緊密相關。

# 目次

# 自然數・質數

# 1 從「1」開始

**數學的基礎就是數。所以一開始，就讓我們來學習什麼是「數」吧。**本書內容包含了許多學校沒有教的細節，若你有時間的話，可以試著耐心研究看看。

本書選擇主題時，不是以「學校有沒有教」為準，而是著重於「重不重要」、「有不有趣」。

那麼「數是什麼呢？」讓我們來想想看這個問題吧。

## 數是什麼？

雖然這個問題聽起來很簡單，但如果要認真回答這個問題，卻也沒那麼容易。舉例來說，三隻貓和三棵樹中都有出現「三」，那麼，貓和樹共用的數字「三」、「3」究竟是什麼意思呢？先不要覺得這個問題很無聊，試著仔細想想看吧。

讓我們試著將貓身上的各種特徵拿掉，把三隻貓想像成三個「某種塊狀物」，樹也一樣。

拿掉物體的特徵，只關注物體的量時，就會顯現出「3」這個數字概念。所以我們也可以說「數是量的影子」。

嬰兒時期的我們漸漸長大之後，才慢慢能分辨出「自己」和「別人」的差異。這時我們才開始理解到「1」這個數字的意思。像這種能幫助我們區別自己和別人的數，能用來計算物體個數的數，能自然而然理解到的數，在數學上就叫做「**自然數**」。

讓我們來看看自然數的「成長過程」吧。

2
1
3
3

$1+1 \to 2$，

$2+1 \to 3$，

$3+1 \to 4$，

$4+1 \to 5$，

$5+1 \to 6$，

$6+1 \to 7$，

$7+1 \to 8$，

$8+1 \to 9$

$9+1 \to 10$，

⋮

**從1開始，每加上一個1，便可得到下一個自然數。因此我們可以輕鬆算出所有自然數。**換句話說，每個自然數都一定有「下一個數」。故會像這樣

1, 2, 3, 4, 5, 6, 7, 8, 9, 10, 11, 12, 13, 14, 15,...

一直延續下去。自然數中並沒有所謂的「最後一個數」。符號「…」就表示後面的數會一直延續下去。

因此，最小的自然數是1，但沒有所謂最大的自然數。所以說，在和朋友比誰能說出最大的數時，絕對分不出勝負。大人們會將這種「永遠分不出勝負的爭論」稱為「小孩子吵架」，並提醒自己不要犯下這種愚蠢的錯誤——畢竟大人有時候也會「孩子氣」。

回到原本的話題，自然數看起來就像是大小固定的磚塊，彷彿都是些沒有個性的冰冷物體，但其實自然數比你想像中有趣得多。

在我們戴上某個「眼鏡」之後，自然數就會變得漂亮許多。這個魔法的眼鏡並不是實際的物體，而是某種「想法」。

前人為了了解數，為了拿數來玩，準備了各種有趣的眼鏡，以下就讓我們來介紹幾種眼鏡吧。

**自然數的重要性質**

做為本書的第一個主題，讓我們來談談「自然數最重要的性質」。那就是可以計算「**加法**」和「**乘法**」。

請先選出兩個喜歡的自然數，哪兩個數都可以，選好之後請將它們相加，或者相乘。

舉例來說，如果選出11、22這兩個數，便可得到

$$11+22=33, \quad 11\times 22=242$$

相加的結果為33，相乘的結果為242，這兩個數都是自然數。

1, 2, 3, 4,..., 32, **33**, 34,..., 241, **242**, 243,...

自然數之間相加、相乘的結果，一定也是自然數。這是自然數相當重要的性質之一。

各位在猜拳決定事情的時候，要是有人在出拳時，出了「剪刀」、「石頭」、「布」以外的東西，譬如說將食指和拇指圍成一個圈的「OK」手勢，那就沒辦法分出勝負了對吧。

這是因為一般的猜拳規則中，並沒有說「OK」這個手勢能贏過哪個拳，又會輸給哪個拳的關係。

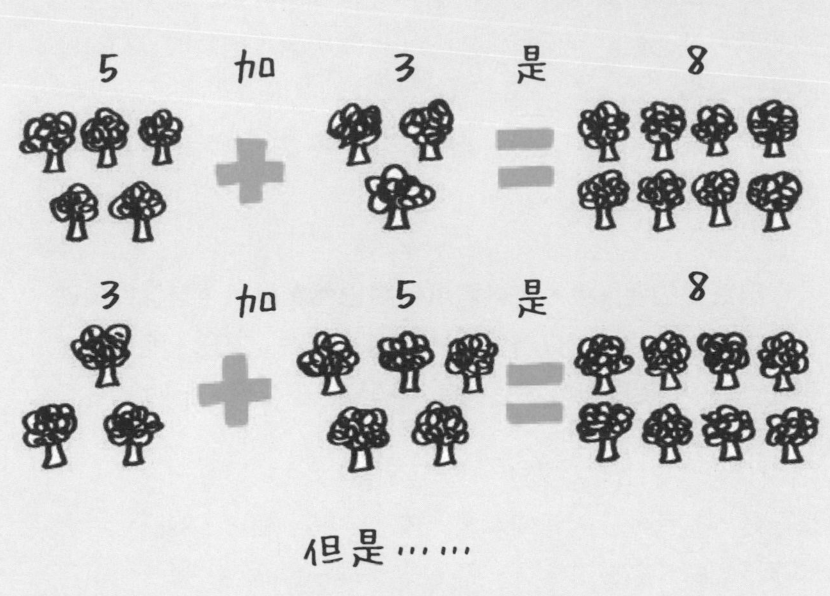
5 加 3 是 8
3 加 5 是 8
但是……

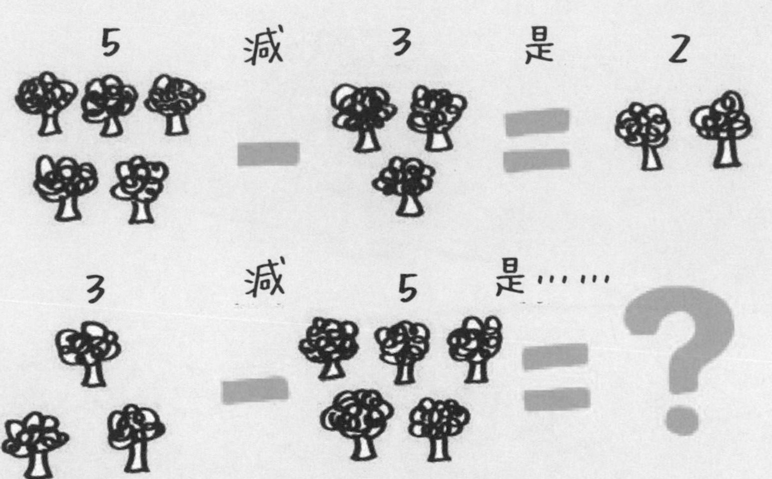
5 減 3 是 2
3 減 5 是……
?

自然數的計算也一樣，如果自然數間的計算結果不是自然數的話，就必須訂定新規則才行。也就是讓「自然數」和其他數建立關係。

舉例來說，5減不了8，3除以2會除不盡。兩者的計算結果都是「自然數以外的數」。

**自然數的運算中，可以選用任意自然數計算，且運算後結果也是自然數的，就只有「加法」和「乘法」而已。**而且，這兩種計算中，即使改變數的順序，結果也不會變。舉例來說，

$$11+22=22+11,\quad 11\times 22=22\times 11$$

這兩個等式都成立。但如果是「減法」或「除法」的話，計算順序不同時，結果也會不一樣。

到這裡，我們知道自然數是在數物體個數時使用的數，而且自然數在加法和乘法運算後，也會得到自然數。各位請選擇幾個喜歡的數，用「自己的手」實際算算看吧。

**計算機和電腦確實可以幫我們「計算」，卻不會幫我們思考。**請你準備好紙和鉛筆，用自己的手慢慢算，就可以在不知不覺中學習到最重要的「思考方法」了。

世界上最「厲害」的人，就是能自行思考的人。而且也沒有比自行思考更有趣的事了。不要書中寫什麼就相信什麼，也不要老師講什麼就照單全收，一定要用「自己的手」親自確認才行。這麼一來，奇妙的事物就會一個個出現在眼前，讓學習數學變得更好玩。

# 2 什麼是等於？

在說明自然數的加法、乘法時，我們自然而然地使用了「＝」這個符號。讓我們來想想看這個符號的作用和意義吧。

## 思考等式的意義

**「式子」或「數學式」是用數字與符號寫成，可以用來表示某個數學上的描述**——式子有很多種形式，每種式子都有各自的名字，但不需要勉強自己全部都背下來。

這裡讓我們來談談帶有符號「＝」的式子有什麼意義吧。**這個符號名稱是「等號」，讀做「等於」。**

因為「長度相同的兩條平行線，是最能表示相等的符號」，於是古人們就把等號設計成這個樣子。所以在畫等號的時候，請盡量畫長一點，太短的話會和文字的「二」搞混。

**由等號連接起左右兩邊的式子稱為「等式」，表示等號兩邊的東西相等。等號右側的東西叫做「右邊」，左側的東西叫做「左邊」，兩側合起來叫做「兩邊」。**

讓我們來看看具體的例子吧，譬如說

$$3+5=8$$

讀做「3加5等於8」，英語則讀成「3 plus 5 equals 8」。

在讀出聲音時，**我們有時會唸成「3加5與8相等」，之後你可能會常聽到這種唸法，請慢慢習慣。**

2+3=5
2+3=5
2+3=5
2+3=5
不是啦⋯
二

2+3=5
2+3=5
2+3=5
2+3=5
沒錯沒錯。
等於！

等式中，等號兩邊彼此相等，也就表示將等號兩邊互換

$$8=3+5$$

意思也不會改變。

用「天秤」來比喻等式的話應該會比較好理解吧？在天秤左邊放三個珠珠，再放五個珠珠。那麼，天秤右邊要放多少個珠珠才能平衡呢？

顯然要放八個珠珠，天秤才能平衡對吧。

接著請你走到天秤的另一側，再看向天秤。這時本來在右邊的珠珠變成在左邊，本來在左邊的珠珠則變成在右邊。雖然盤子的位置左右對調，平衡的狀態仍沒有改變。

**這就是「等式」的意義。**

**正確使用等號**

可能有些人會覺得把「3＋5＝8」唸成「3加5與8相等」很麻煩，所以都唸成「3加5是8」。乍看之下沒什麼差別，但在理解上可能會造成很大的問題。

舉例來說，每個人都有自己的名字。只要在自己的東西上標註自己的名字，就不會和朋友的東西搞混了。但是名字本身並不等於這個人。

然而，若平常就常常將「＝」當成「是」來使用的話，有時候還會寫出「一朗＝150cm」之類的。確實，一朗的「身高」可能是150cm沒錯，但「一朗」本身並不是「身高」。

試著從Ⓐ～Ⓓ中選出兩個「左右兩邊好像不太一樣」的選項吧。

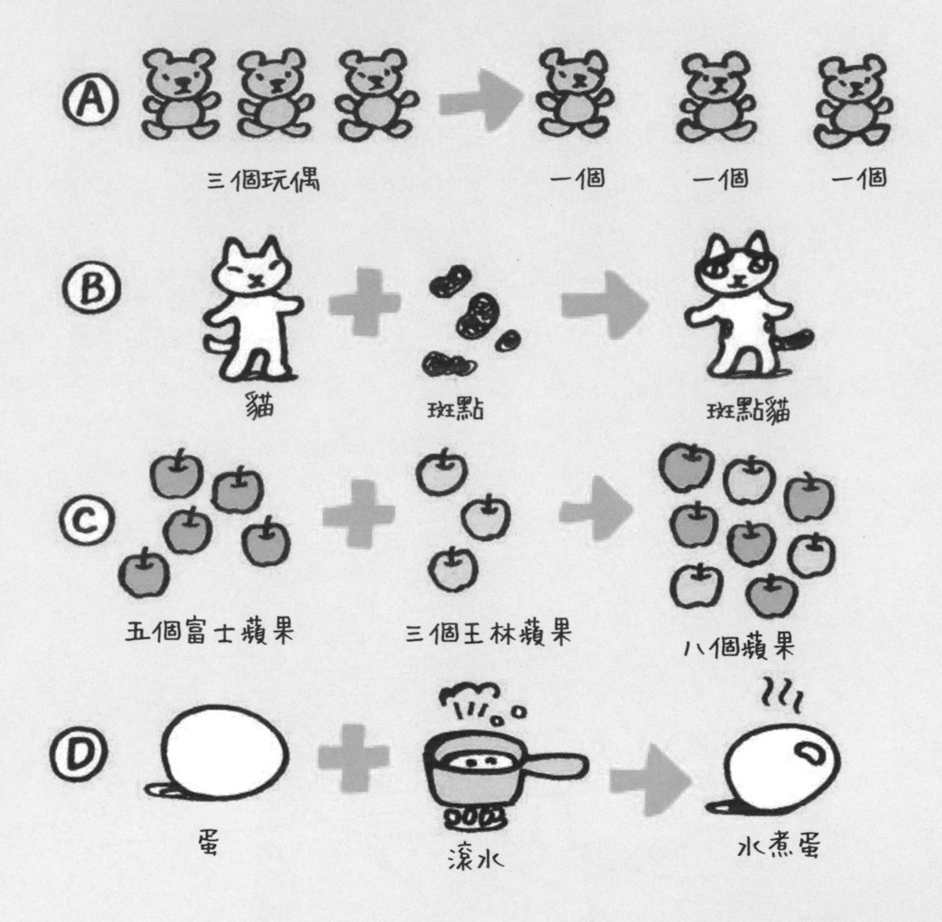


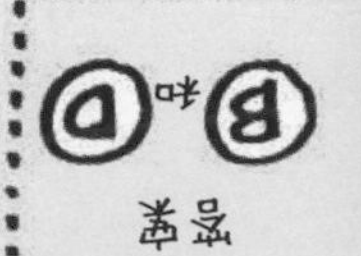

一個符號常有多種意義，可以在多種狀況下使用。這樣是很方便沒錯，但有時候卻容易讓人產生誤會。

要是因為覺得很方便而隨意使用的話，不只是在寫數學式時，連在說話或寫信時，都可能會無法將自己的意思正確傳達給其他人。

如果寫出「一朗＝150cm」、「一朗＝男」的話，就會得到「男＝150cm」這種荒謬的結論。

另外，如果將前面的等式反過來寫成「8＝3+5」，唸成「8是3+5」的話，可能會造成一些困擾。因為「加法結果為8的數字組合還有好幾種」。

讓我們再試著用天秤來思考看看。天秤兩邊平衡時，盤子裡的珠珠不管如何分組，天秤都能保持平衡。

也就是說

$$
\begin{aligned}
8 &= 3+5 \\
&= 2+6 \\
&= 1+7 \\
&= 4+4 \\
&= 1+1+1+1+1+1+1+1
\end{aligned}
$$

只要所有珠珠的個數加起來相同的話，等號就會成立，和盤子裡的珠珠如何分組無關。因此，這個時候還是將「8＝3+5」唸成「8與3加5相等」會比較好。

**各位在計算的時候，請將每一步算式的等號上下對齊。只要遵循這種正式的寫法，就能「善用筆記本的縱長」了。**之所以說「正式」，是因為這樣寫比較不會出錯。如果算式寫橫的，一直寫下去的話，不管計算能力有多強，出錯的可能性都會變大，而且沒有任何好處。

**寫算式時的訣竅在於，用鉛筆大方寫出大而清楚的數字，並仔細對齊符號。**要是字太小的話，寫錯時，錯誤也會很小，因此很難發現。

事實上，等號含有許多意義。不過對現在的各位來說，**最重要的是在唸出等式時，要說出「～與～相等」。不管是用言語描述式子，還是將式子寫成句子，正確表達數學式都是很重要的事。**另外，如同前面的例子中提到的，請不要在兩個不相等的東西中間加上等號「＝」。

要是不想寫太多字，只想用符號來表示的話，可以改用箭頭符號「→」。箭頭的意義並沒有「相等」那麼強烈，所以可以安心使用。

7 = 6 + 1
7 = 5 + 2
7 = 4 + 3
7 = 3 + 4
7 = 2 + 5
7 = 1 + 6

# 3 比較大小

自然數源自於物體的個數，從1開始算起，一個一個往上加，而且沒有最大的自然數。

這裡讓我們再試著思考一次「數數」的意思。

**什麼是不等號？**

日本的學校運動會中，有個比賽項目是將紅色和白色的球丟入籃子裡。比賽結束後要計算籃子內的球，以決定誰贏誰輸。此時，負責計算的人會一邊喊著「一顆、兩顆……」，一邊將雙方的球拿出籃子往上拋。在拋出一顆白球的同時，也拋出一顆紅球，籃子內的球先拋完的一邊就是輸家。

用這種方法計算時，就算選手們不曉得球的準確「數量」有多少，也能夠一眼看出誰贏誰輸。而且這種做法也的確比較不容易出錯。

如果計算球數時，用的不是「將球一顆顆同時往上拋」這種方法，而是用先各自計算球的個數，再比較誰多誰少的方式的話，也可以判斷出輸贏。這時候，每算一顆球，自然數就往上加一，算完後，再看哪邊的數比較大，就知道誰贏誰輸了。

這就是「數數」。換句話說，**數數就是將每個塊狀物分別依序對應到一個自然數，看最後會使用到幾個自然數。**

而**自然數從1開始算起，每數一個自然數就加1。所以可以用來表示「第幾個」，也就是東西的「順序」。**自然數會隨著

4
5
7
6
3
1
2
10
9
15
8
14
13
12
11

順序的增加而愈來愈大，譬如說2比1多1，3比2多1。這種大小關係可以寫成

$$1<2,\quad 2<3 \quad (\text{也可以寫成}2>1,\ 3>2)$$

**符號「<」、「>」稱做「不等號」**，有用到不等號的式子叫做**「不等式」**。不過，不等號就沒有像等號的「equal」那種帥氣名稱了。

唸出不等式時，會直接唸出式子的意義，譬如「1比2小」、「2比1大」。我們可以用這個符號，將自然數的大小關係寫成

$$1<2<3<4<5<6<7<8<9<10<11<12\cdots$$

也就是說，1以外的自然數都會被一個比自己小1，和一個比自己大1的數夾在中間。

當然，不是只有相鄰的數才能使用不等號。

$$1<10<1000,\quad 2061>2010>2001$$

之類的不等式也是正確的使用方式。

### 聰明的付費方式

這種思考方式在我們的日常生活中隨處可見。

各位在買東西的時候，應該會先估算要花多少錢吧。譬如說，當你買了三個東西，價格分別是151元、246元、373元時，就算沒辦法馬上算出總價是多少，也大概可以感覺得出「總價應該不會超過一千元」，所以拿一張千元鈔給店員找錢就可以了。因為我們知道

$$151+246+343<1000$$

才會有這樣的想法。

我們平常買東西時，會像這樣估算大略的數字，然後掏出比這個數字還多一些的錢，詳細的計算則交給店員處理。那麼，我們又是怎麼「估算」出這些數字的呢？

一種方法是，先看出以下三個關係：

151＜200,　246＜300,　373＜400

暫時不去管實際價格，而是假設我們買了200元、300元、400元的東西，便可立刻心算得到總價為900元，所以「用一張千元鈔」就可以付清。

同樣的，因為

$$100<151,\quad 200<246,\quad 300<373$$

而100元、200元、300元加起來為600元，所以只拿五百元的話會不夠付。

將上述式子組合在一起，可以得到

$$600<151+246+373<1000$$

就算沒有實際計算出結果——770元，只是抓個大概，在付錢時也不會有什麼問題。

在這個例子中，因為實際算出加法結果並不會很困難，所以大家應該也感受不太出「不等號」的威力。不過**在數學上，不等號與代表兩邊相等的「等號」地位相同，能表示數的大小關係，是很重要的符號。**

　　這裡就來教教大家一個可以唬住擅長計算的朋友的「秘術」吧。只要用剛學過的不等號，就可以在一瞬間算出很多式子的「正解」囉。

　　舉例來說，如果有朋友問你「646+1185+1964+2020是多少」的時候，只要馬上回答「答案是比1大，比10000小的數」就可以了。或者也可以在紙上寫出

$$1 < \text{答案} < 10000$$

這在數學上是完全正確的答案。

　　如果朋友露出疑惑的表情的話，你可以說「我突然想到我有件重要的事，先走囉」然後快步離開。這位朋友大概會暫時被這個答案唬住，而不會追上來。

比1大，
比10000小。

或者是……
1＜答案＜10000
寫成這樣。

真的耶……。
聽懂了嗎喵？

先走啦——

# 數的表示方式

各位有沒有在做運動呢？不管是長時間玩樂還是長時間讀書，都很需要體力，記得要隨時鍛鍊好身體喔。

在會使用到數字的運動大會中，最引人注目的應該就是奧運了吧。順帶一提，1964年舉辦的東京奧運，英文寫成「**The Games of the XⅧ Olympiad**」。這是正式的表記方式，各位看得懂這是第幾屆的奧運嗎？以下就讓我們來談談數的表示方式吧。

## 各種數的表示方式

在「數」剛誕生沒多久時，人類便經常用「數」來表示各種事物。不過在過了很長一段時間後，數字的表示方式才演變成我們現在學到的樣子。

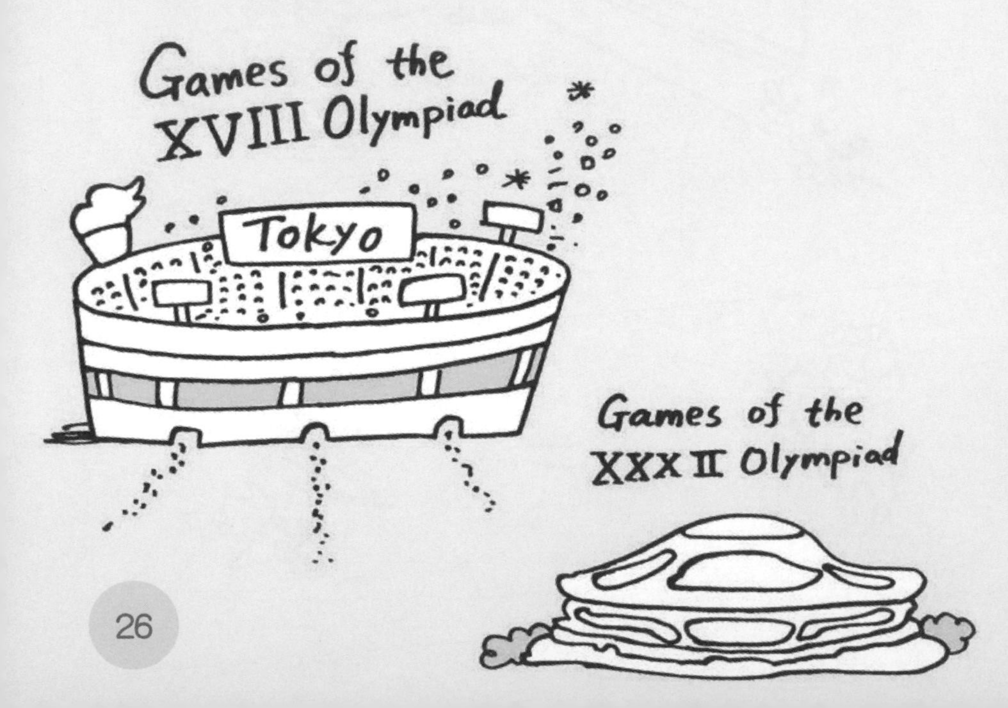

剛才的奧運名稱中的數字是「**羅馬數字**」，若要轉換成我們平常使用的**阿拉伯數字**（1，2，3，4，5，…）的話，則對應的數字如下。

| 1 | 2 | 3 | 4 | 5 | 6 | 7 | 8 | 9 | 10 | 50 | 100 | 500 | 1000 |
|---|---|---|---|---|---|---|---|---|---|---|---|---|---|
| Ⅰ | Ⅱ | Ⅲ | Ⅳ | Ⅴ | Ⅵ | Ⅶ | Ⅷ | Ⅸ | Ⅹ | L | C | D | M |

這種表示方式中，不管「Ⅹ」寫在哪裡，都是「10」的意思。只要將所有代表數的符號加起來，就可以得到這個數的大小，因為

$$\begin{aligned} \mathrm{XVIII} &= \mathrm{X} + \mathrm{VIII} \\ &= 10+8 \\ &= 18 \end{aligned}$$

故可得知東京奧運（1964）是第十八屆奧運。如果將1964年改用這種方法來表示的話，會有多複雜呢？請你試著挑戰看看。這個方法的缺點就是，如果要表示很大的數字的話，就需要用到新的符號，因此在進行加法或乘法時，計算會變得非常複雜。

用「漢字數字」來表示數字時，也會變得很複雜。漢字數字的單位依序為

一
十
百
千
萬（十萬、百萬、千萬）
億（十億、百億、千億）
兆（十兆、百兆、千兆）
京（十京、百京、千京）
⋮

一兆二千三百四十五億六千七百六十五萬四千三百二十一
（＝1234567654321）

看到這樣的文字時，實在不容易想像這個數字到底有多大。

在使用漢字數字時，最大的缺點就在於：如果要表示很大的數，就得用到很多不同名稱的單位。

**現在，在日常生活中主要使用「阿拉伯數字」**（因為計算時很方便，所以也叫做計算用數字）**與「位數」來表示數字。**使用的數字共有九個（1，2，3，4，5，6，7，8，9）。不管是多大的數，只要用少少幾個數字就可以表示出來了。

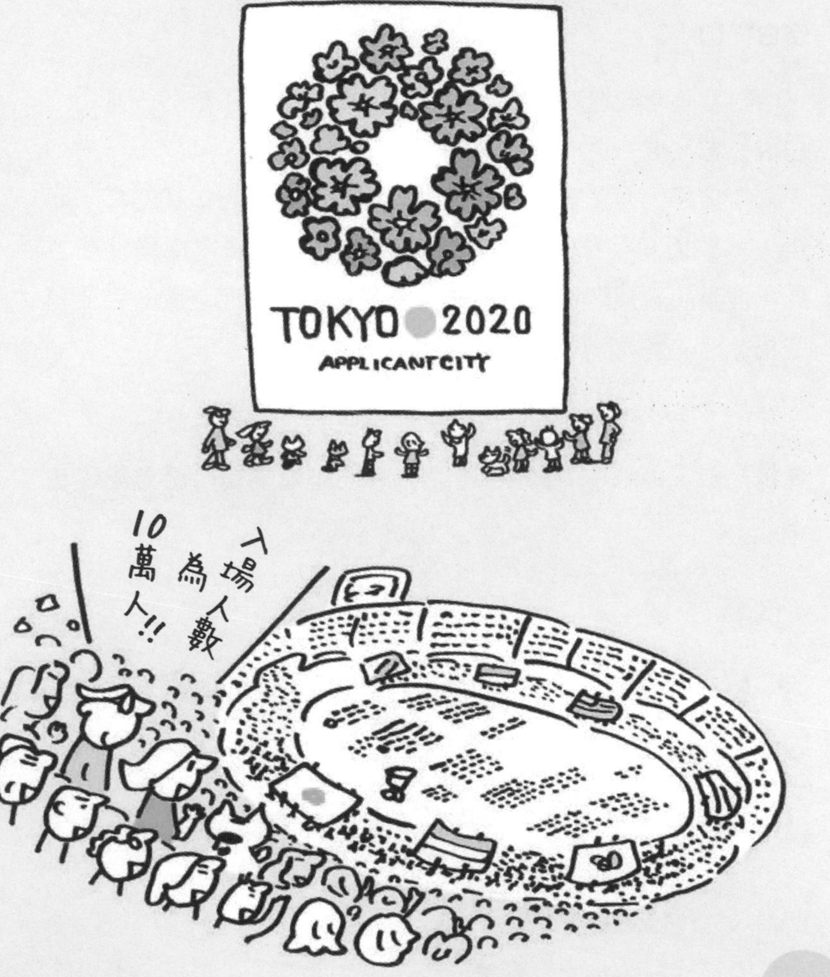

不過，羅馬數字不管寫在哪個位置，大小都相同；不同位置的阿拉伯數字，大小卻不同。從右邊算起的每一個數（稱做右起第一位、右起第二位……依此類推）大小都不一樣，因為它們是不同「位數」。因此，除了九個數字之外，阿拉伯數字還需要一個代表「空白」的符號。

**空白符號「0」**

對電腦有興趣的各位，應該知道鍵盤中間下方有一個「空白鍵」吧。

中文是個很厲害的語言，可以直的寫，也可以橫的寫。而且，就算所有字都連在一起，沒有空格，也看得懂是什麼意思。但英語就沒辦法寫成直式，而且單字和單字之間一定要有空格才行。譬如說

I have a book.（意思是「我有一本書」）

要是寫成「Ihaveabook」的話，就很難看懂是什麼意思。也

就是說，在英語中「空格也有它的意思」。

位數表示法也需要用到「空格」。數字1到9都分別有各自的意思，所以如果要跳過一個位數，表示更大的數時，就不能用1到9來表示「跳過」的位數。為了明確表示「跳過」了一個位數，需要能代表空白的符號才行。舉例來說，同樣是1

1□, 1□□, 1□□□, 1□□□□, 1□□□□□

卻都代表了不同的數。

**於是人們便以10做為代表，把「0」當成「表示空白的符號」**。這麼一來，原本的一十百千萬等單位，就可以用1和0的組合，寫成

1, 10, 100, 1000, 10000, 100000,...

如此一來，無論有多少個龐大的數目都可以簡單表現出來。

不過，當0多到某種程度以上時，不管是寫一個數字還是唸出一個數字，都會變得很麻煩，也容易出錯。因此，人們改將焦點放在乘以10的次數，寫成以下的樣子。

$$100=10\times10=10^2,$$
$$1000=10\times10\times10=10^3,$$
$$10000=10\times10\times10\times10=10^4,$$
$$100000=10\times10\times10\times10\times10=10^5,$$
$$\vdots$$

$10^2$是10的平方，$10^3$是10的三次方……，依此類推。

舉例來說，1964可以分解如下：

$$1964=1000+900+60+4$$
$$=①\times10^3+⑨\times10^2+⑥\times10+④$$

使用這種表示方式時，在每個數字後面都藏有10。每往左邊移動一位，就增加為原來的10倍。而在看習慣這種表示方式後，就不會意識到數字後面的10，只要看眼前的四個數字①⑨⑥④在哪個位數，就可以理解數的大小了。

**使用從1到9的數字與空白符號0，並以10為單位的「位數記數法」**，就是我們常用的數字表示方式。

10
10
10
10
10
10
1
9
6
4

10藏在
1964的背後喔。
原來如此。

# 5 計算方法

前面介紹了多種數字的表示方式。我們提到，「羅馬數字」的數字不論位於整個數的何處，大小都一樣。也講到「羅馬數字」、「漢字數字」，以及我們平常使用的「位數記數法」，分別是如何表示一個數的。

接下來要談的是，為何用「位數記數法」計算比較方便。

## 橫式計算、直式計算

**位數記數法中，不管是多大的數，都可以用1到9的數字以及空白符號0，共十個符號來表示。**

要注意的是，「現在的我們」只考慮自然數，所以0並不是「數」，只是用來表示空白位數的「空白符號」而已。因此就算不用0，改用□、△，或者是其他符號來表示，都可以寫出正確的數。

另外，位數記數法還有一個重要的特徵，那就是「計算很方便」。如果用羅馬數字等來計算金錢，需要耗費相當多勞力、使用困難的技巧，所以只有極少數人懂得怎麼「計算」羅馬數字。

拜阿拉伯數字與位數記數法之賜，即使是書沒有讀特別多的普通人，只要稍微學習，便能學會如何「計算」數字。據說，當時部分以計算為職業的菁英們，認為阿拉伯數字的計算太容易學習，要是阿拉伯數字普及開來的話，自己可能就會失去工作，所以他們積極地妨礙阿拉伯數字的普及。

以前……
嘿嘿
XXVII x LM= MC DIV
XXVII x LM= MCDIV!
哦哦……
太厲害了
明明是這樣的……。
現在
沒有人會來委託我了。
一個50，三個150！
叭噗
叭噗加
叭噗…
2+1=3
1+2=3
2-1=1
26×51=1326

這裡就讓我們以23、12這兩個數為例，說明如何計算二位數的加法和乘法。

首先來看看加法。將這兩個數各自拆解。

$$
\begin{aligned}
23+12 &= (20+3)+(10+2) \\
&= (20+10)+(3+2) \\
&= 30+5 \\
&= 35
\end{aligned}
$$

便可輕鬆算出答案。

也可以用直式加法計算。

$$
\begin{array}{rcl}
23 & \longleftrightarrow & 20+3 \\
\underline{+)12} & \longleftrightarrow & 10+2 \\
35 & \longleftrightarrow & 30+5
\end{array}
$$

上式右側為各個數分解後的樣子。

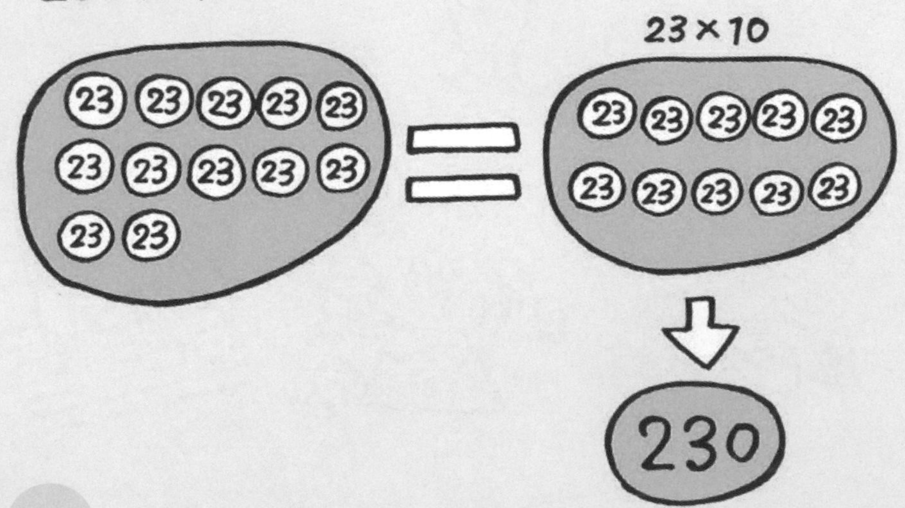

比較兩者，可以知道在直式加法中，需要「將相同的位上下對齊，再各自相加」。亦可藉此明白「位」的意義。

再來看看乘法23×12吧。這個式子的意思是

$$23\times12=23+23+23+23+23+23\\+23+23+23+23+23+23.$$

整理成下方形式後，很快就可算出答案。

$$\begin{aligned}23\times12&=(23+23+23+23+23+23\\&\quad+23+23+23+23)+(23+23)\\&=23\times10+23\times2\\&=230+46\\&=276.\end{aligned}$$

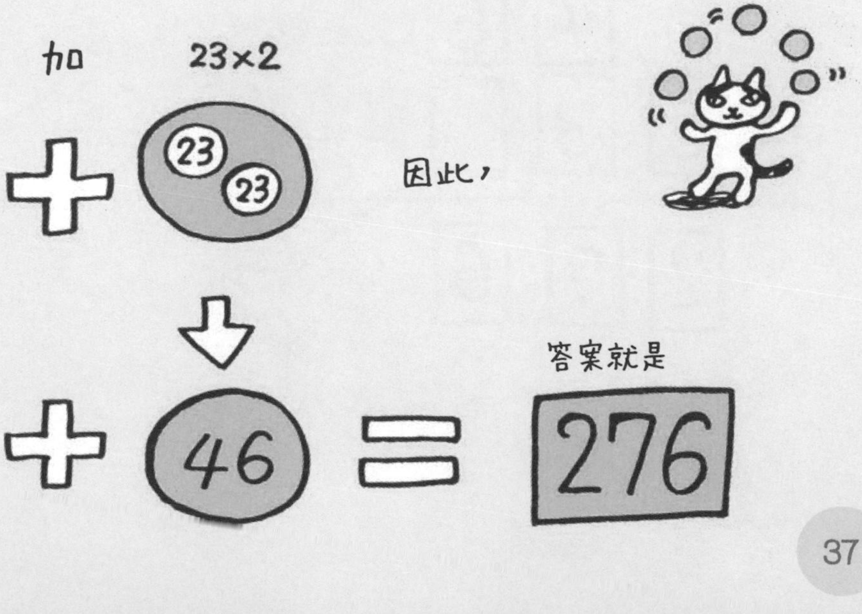

也就是說，我們可以用

$$23\times12=23\times(10+2)$$
$$=23\times10+23\times2$$

這種比較簡便的計算方式得到答案。這個過程叫做數的**「分配」**。

另外，直式乘法如下所示。

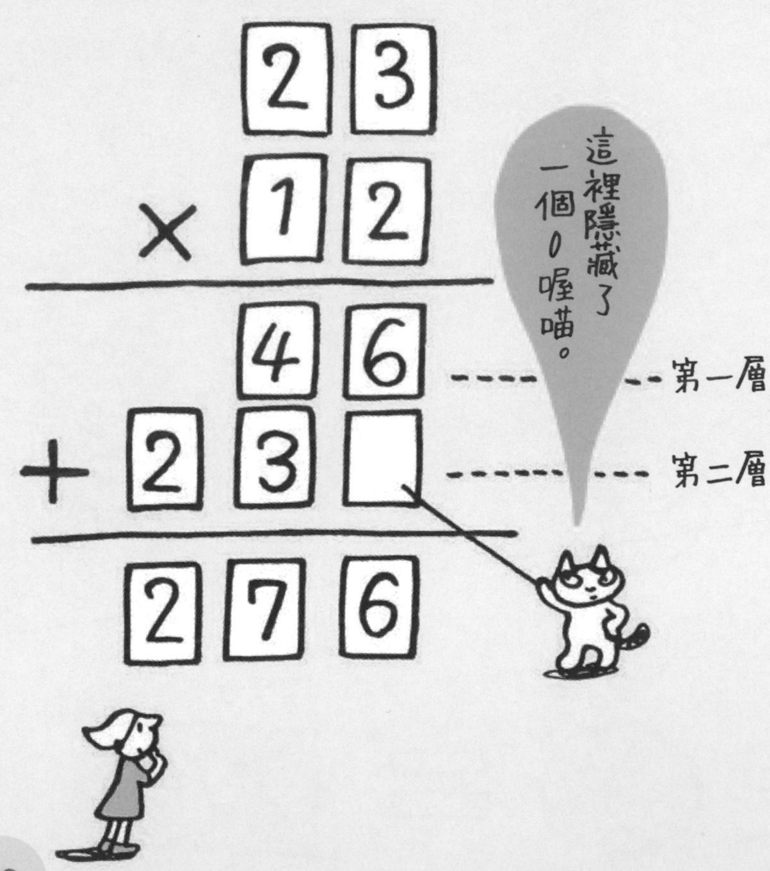

## 位置很重要

在以上方法中，「寫數字的位置」相當重要。要是上下層的46和23的位置不正確，就沒辦法得到正確的結果。

那麼，為什麼這兩個數的位置會相差一位呢？只要意識到這個計算中有用到「分配」的概念，就可以理解為什麼位置會差一位了。事實上，兩個數的位置看起來之所以會差一位，是因為計算過程中省略了230的0。

在第二層的計算中，23看起來像是乘以1的樣子，其實是乘以10。只是我們利用了位數的性質來計算，才會讓23看起來像是乘以1。

也就是說，直式乘法中的每一層，就相當於橫式乘法在「分配」之後的一部分。再來要注意對齊位數，把每一層加起來，就可以得到答案了。

直式乘法在計算數字很大的乘法時很方便，但如果是想要靠心算計算出大致的答案，就不適合用直式乘法。

計算出正確答案當然重要，不過在23×12這個例子來說，我們可以先在腦中計算23×10得到230，便可想像到23×12的答案應該會比230大。這樣的估計在計算時也很重要。

**事實上，平常我們很少會用數學精準地計算出正確答案。**各位平常在考試或練習題中做的計算，都是「前人已經解過很多次的問題」，一定能解出答案，所以很多人會有「數學一定可以求出正確答案」的印象，但現實中通常不會這麼做。

有時候，就算沒有算出正確答案，「算出大概的數字」也有一定的幫助。計算一個數字大概有多大的方法叫做**「概算」**或**「近似」**。只要熟悉這些方法，在計算時就不用擔心會犯下「數的位置沒有對齊」的錯誤了。

手算確實很花時間。用計算機來算前面出的題目的話，確實可以在好幾分之一秒內就算出答案，卻失去了自行找出計算規則，以及找出更方便的計算方法的機會。如果輕視手算，完全依賴計算機的話，就無法更加深入的理解數學。所以說，**請先有「用手學習數學」的概念。**

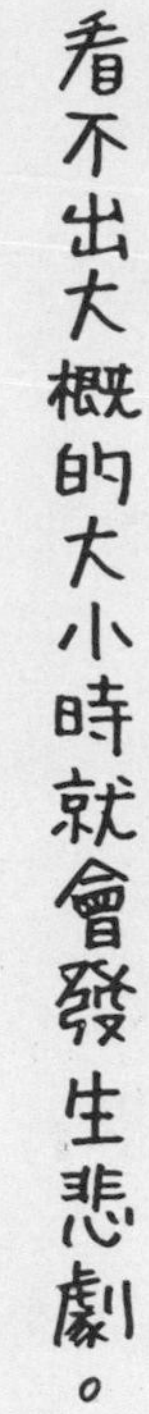
看不出大概的大小時就會發生悲劇。

隧道
隧道

# 6 時間的計算方法

各位身邊常出現的「時鐘」及「錄影機」這類物品，其實和「數的表示方式」有很大的關係。這些裝置內究竟隱含了什麼樣的數學呢？讓我們從「上個世紀末的故事」開始講起。

### 時間的表示方式

我們前面學到了平常計算時所使用的數字表示方式——位數記數法。比方說，西元1998年可以分解如下

$$1998 = 1 \times 10^3 + 9 \times 10^2 + 9 \times 10 + 8.$$

西元年份原本是四位數，我們平常卻會省略前兩位數，僅用後兩位數來表示，譬如「98年快結束了，接著是99年」。

二十世紀中期發明電腦的人們也有這個壞習慣，卻沒意識到未來會因此發生很嚴重的問題。

到了2000年時，電腦因為無法分辨19**00**年和20**00**年的差別，使得電腦內部產生「時間回溯到一百年前的風險」。可以說是「世紀級的大問題」，又被稱做「**千禧蟲危機**（Y2K）」。

要是銀行的金融卡無法使用，或者是驗證失效的話，會造成社會混亂。當時有許多人卯足全力地想辦法避免危機發生。可見有時候省略某些東西反而會造成麻煩。

回到一開始的話題。**像這種以10個為一組的數字表示法，稱做「十進位」**（也叫做十進位表記法）。如果沒有特別說明的話，我們通常是以十進位進行計算。

# Y2K問題

請將以下五人依出生年份排序。

① 夏目漱石
'67年生

② 空海
'74年生

③ 李奧納多·達文西
'52年生

④ 杜斯妥也夫斯基
'21年生

⑤ 莫札特
'56年生

〈答案〉
② 774年
③ 1452年
⑤ 1756年
④ 1821年
① 1867年

不過，生活中的數字也有很多不是以十進位表示的例外。

譬如「時間」。讓我們從秒開始看起吧。

一秒　×60　→ 一分鐘,
一分鐘 ×60　→ 一小時,
一小時 ×24　→ 一天,
一天　×365 → 一年.

以上出現的單位包括「秒」、「分鐘」、「小時」、「天」、「年」。接著讓我們把這些時間單位都換算成「秒」。

一分鐘 → 60秒,
一小時 → 60×60＝3600秒,
一天　→ 3600×24＝86400秒,
一年　→ 86400×365＝31536000秒,
小學（六年）→ 365×6 ＝2190天 → 189216000秒,
成人（二十年）→ 365×20 ＝7300天 → 630720000秒,
耳順（六十年）→ 365×60 ＝21900天 → 1892160000秒,
出生到耳順會吃幾餐 → 21900×3＝65700餐.

覺得如何呢？活到六十歲也只比兩萬天多一些，轉換成天數後，其實比想像中還要少很多對吧。由上表可以知道，用數字來表示時間的流逝其實還滿複雜的。

那麼，十萬秒會等於「幾天、幾小時、幾分鐘、幾秒」呢？這大概很難馬上回答得出來，讓我們依序來計算吧！

一天有86400秒，所以十萬秒比兩天少。故先減去一

# 某隻貓的一生

一週（7天）
604800秒

兩個月（62天）
5356800秒

一年（365天）
31536000秒

兩年（730天）
63072000秒

兩年兩個月（792天）
68428800秒

二十年（7300天）
630720000秒

天的秒數100000－86400＝13600，可以得到十萬秒為「一天又13600秒」。然後，用13600除以一小時的秒數13600÷3600＝3餘2800，可以得到十萬秒為「一天又3小時又2800秒」。接著2800÷60＝46餘40，最後得到

十萬秒為**1天又3小時46分40秒**.

上述過程可以寫成算式如下。

$$100000 = 1\times(24\times\underline{60\times60}) + 3\times\underline{60\times60} + 46\times\underline{60} + 40$$
$$= \mathbf{1}\times(24\times60^2) + \mathbf{3}\times60^2 + \mathbf{46}\times60 + \mathbf{40}.$$

由底線部分可以看出，小時以下的單位是以60為一組。而計算有幾天時，則需再除以24；計算有幾年時，則除以365。

順帶一提，在日本的江戶時代時，日本人以兩小時為一個單位，將一天切成十二等分，所以當時也用「**二六時中**」來表

60進位

7進位（週）
12進位（年）

示一整天。現在則和全世界一樣，將一天切成二十四等分，故改用「**四六時中**」來表示。兩個都源自於乘法的計算結果（2×6＝12、4×6＝24）。英語中特別重視12以前的數，所以這些數都有特定名稱（one～twelve），不過13（thirteen）之後便改用組合名稱。

### 聰明的錄影方式

知道如何計算時間之後，對於「數」也會有更深的理解。接著讓我們來看看時間計算的應用。

用同樣的光碟以不同的畫質錄影時，可以錄到的影片時間總長會不一樣。以下假設我們要用「高畫質下可以錄兩小時，低畫質下可以錄六小時」的光碟，以不同的畫質錄下兩個節目。

假設你和朋友借了一張光碟，裡面錄了45分鐘的「高畫

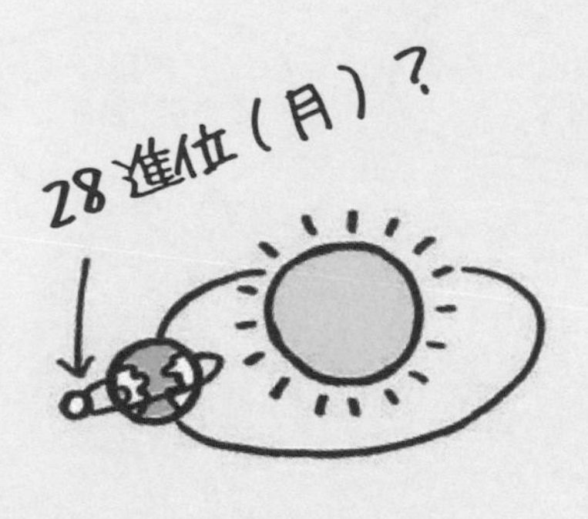


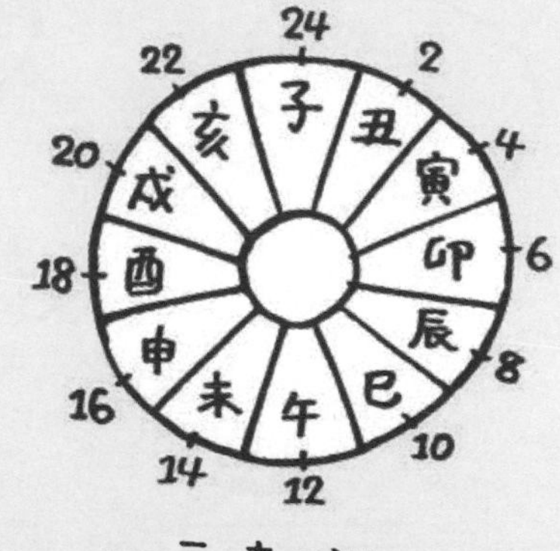

質」動畫。在你看完之後，想要用同一張光碟再錄下40分鐘的戲劇和一小時半的運動節目還給朋友。該怎麼分配「高畫質」和「低畫質」的時間，才能夠有效率地利用這張光碟呢？

首先，在可以錄兩小時影片的光碟中，已經先錄了45分鐘的「高畫質」影片，所以剩下的時間為

$$2\times60-45=75\text{（分）}$$

錄製運動節目需要1×60＋30＝90（分），用「高畫質」錄製的話，還少了15分鐘。而且這樣就沒辦法再錄戲劇了。

我們想錄下來的影片時間總長為40＋90＝130（分），如果都用「低畫質」來錄影的話，可以錄到75×3＝225（分），這樣會剩下太多空間沒用到。所以希望把一部分的影片改用高畫質來錄影，以增加錄影的效率。

那麼就先用「高畫質」來錄戲劇吧。這樣就會剩下

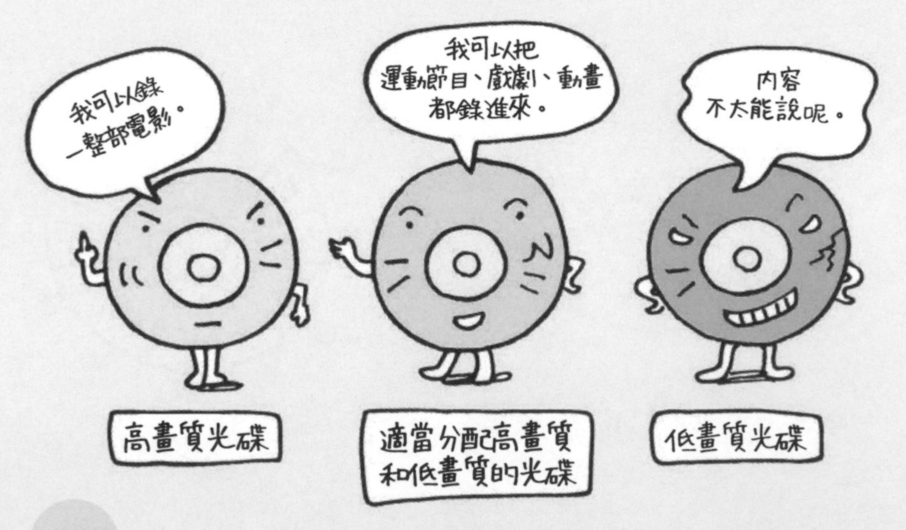

75－40＝35（分）。如果剩下的時間用「低畫質」來錄影的話，就可以錄到35×3＝105（分），足夠我們把運動節目整個錄進去。最後這張光碟內的影片總長為

45＋130＝175＝2×60＋55

也就是2小時55分鐘。剩下的時間拿來錄「低畫質」影片的話，可以再錄105－90＝15（分）；拿來錄「高畫質」影片的話，可以再錄15÷3＝5（分）。這樣就可以有效率地用完這張光碟，想必朋友也會很高興吧。

綜上所述，在計算貼近生活的「時間」時，使用的是與十進位「完全不同的進位方式」。

近年來，擁有自己的電腦的人愈來愈常見，行動電話也算一種電腦。**電腦內的電路狀態可能是「ON」或「OFF」，為了活用這種電路特性，電腦會使用「二進位」來表示資訊。**

電腦的二進位以「位元」為單位，決定一個電路是ON或OFF狀態。熟悉電腦的人應該聽過這個詞吧。這和「二進位」的數字表示方式互相對應。

另外，班級幹部選舉時，會在黑板上畫「正」字計票。因為「正」字有五劃，在計票時會方便許多，可以說是一種「五進位」的計數方式。

除了用在計算上的十進位以外，我們周圍還有各種數字的表示方式，大家也試著找找看吧。

# 7 計算時會用到的詞

本章將介紹「數學計算的基礎」——生活中不可或缺的「四則運算」。

### 四則運算

**「四則運算」包含了四種重要的運算，也就是「加法」、「減法」、「乘法」以及「除法」的合稱。**

數學領域中，進行上述計算時，會使用以下符號。

加法用「＋」，減法用「－」，
乘法用「×」，除法用「÷」。

這些符號必須寫清楚才行。特別是除法的「÷」容易和減法的「－」搞混，上下兩個點一定要寫清楚。

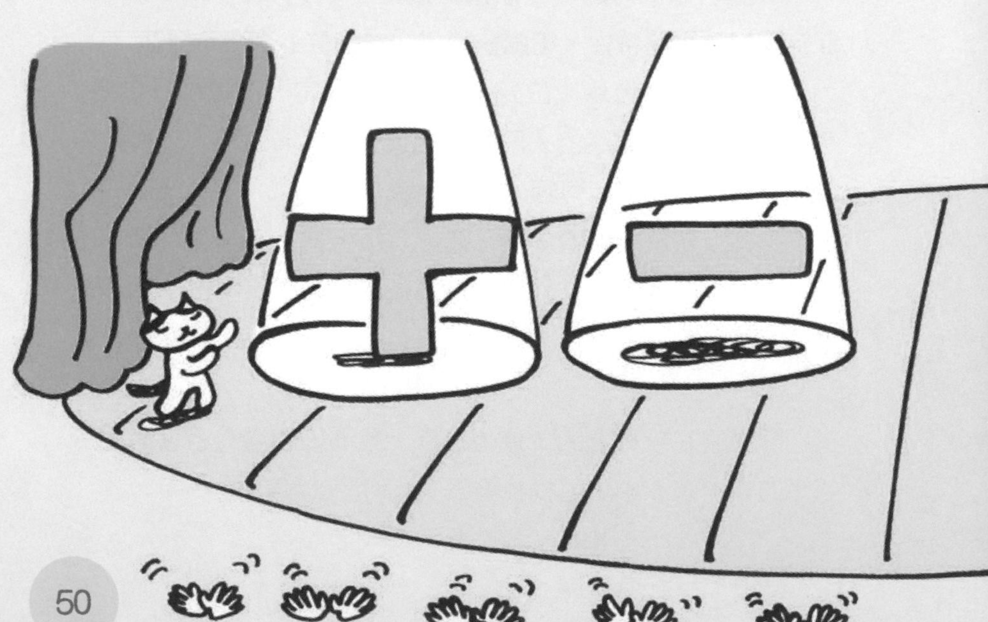

不過，隨著學年的增長，「÷」的使用會逐漸減少，改用符號「/」。特別是在電腦的語言（又叫做程式語言）中，完全不會用到「÷」。國際上使用「/」的國家也比較多。

讓我們用實際的數字來舉例吧。

以7和3為例

加法：7＋3＝10,

減法：7－3＝4,

乘法：7×3＝21,

除法：7÷3＝2…餘1

若改用除法「/」的話，則會寫成7/3。

另外，四種運算的結果分別有自己的名字。

加法結果稱做**「和」**，減法結果稱做**「差」**，
乘法結果稱做**「積」**，除法結果稱做**「商」**.

前面的例子（7和3的四則運算）中，

和為10, 差為4, 積為21, 商為2.

以上就是四則運算中會用到的所有名詞。

雖然一次出現了很多名詞好像有點恐怖，不過這些都是很常用的詞，所以不用緊張，慢慢就會習慣這些用詞並自然而然地記住了。

**將相似的運算分成一組**

我們可以用各種不同的分組方式，將四則運算分成兩組。首先是將**「加法、減法」**分為一組，**「乘法、除法」**為另一組。

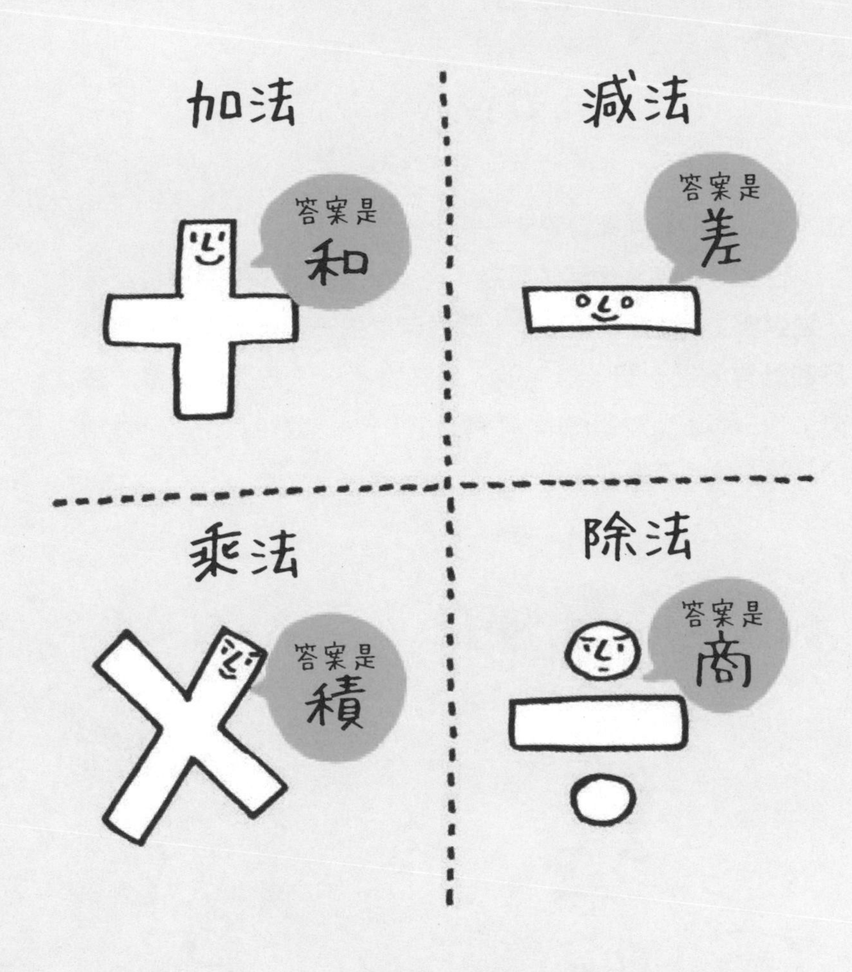
加法
答案是
和
減法
答案是
差
乘法
答案是
積
除法
答案是
商

讓我們試著將一個數加上另一個數，然後馬上減去加上的數；或者是將一個數乘上另一個數，然後馬上除以乘上的數吧。譬如說

$$7+3-3=10-3=7,$$
$$7\times3\div3=21\div3=7$$

這兩個計算的結果都會等於一開始的7。

這表示，**加法與減法互為「逆運算」，乘法與除法也互為「逆運算」。在數學領域中，我們可以把一個計算和另一個相反的計算分為一組。**幾年後，或許有不少人會開始學習**「微分」**（一種奇妙的除法）和**「積分」**（一種精妙的乘法），這兩種計算方式也互為逆運算。

## 加法與減法的關係

另一種是將**「加法、乘法」**分為一組，將**「減法、除法」**分為一組。這種分法中，兩組分別有什麼樣的特徵呢？

在「加法、乘法」這一組的情況，就如同我們前面提到的，自然數經過「加法、乘法」的計算後，一定也會得到自然數。

另一方面，在「減法、除法」這一組的情況下，自然數經過「減法、除法」運算後，卻不一定會得到自然數。不過，如果選擇適當的數來計算，那麼減法和除法也可以計算出自然數的答案（譬如8－2＝6，8÷2＝4）。這麼看來，這種分組方式的意義好像就沒那麼大了。

像這樣以具體的數值為例，研究自己有興趣的計算方式，就會發現某些規則不僅只存在於自然數內，而是能適用在所有的數。這樣的自由研究可以讓數學變得更有趣。

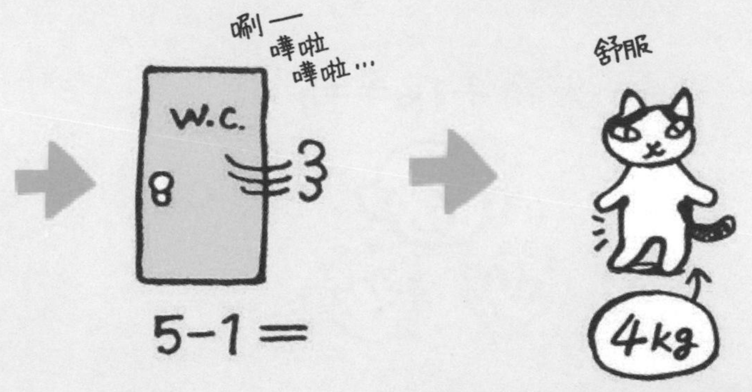

各位應該都有作過「夢」吧。為什麼我們會知道那是夢呢？因為作完夢之後會「醒過來」。在睡覺、作夢的當下，我們不會知道自己在作夢。只有在醒過來的時候，我們才知道「剛才是在作夢」。

計算也一樣，在逐漸熟悉加法與減法、乘法與除法之後，我們才真正明白到計算的機制，了解的四則運算整體的模樣。

雖然有很多沒看過的詞，但也不用害怕。隨著時間的經過，你一定能自然而然地明白這些詞的意思。就算記不住這些詞，只要能理解這些詞的意義也就夠了。所以說，不需要花時間硬背每個詞的意思，不如多花點時間練習計算。

## 乘法和除法。

人有十根手指。

六個人的話……

有60根
手指。

問題來了。

豬有
四隻腳。

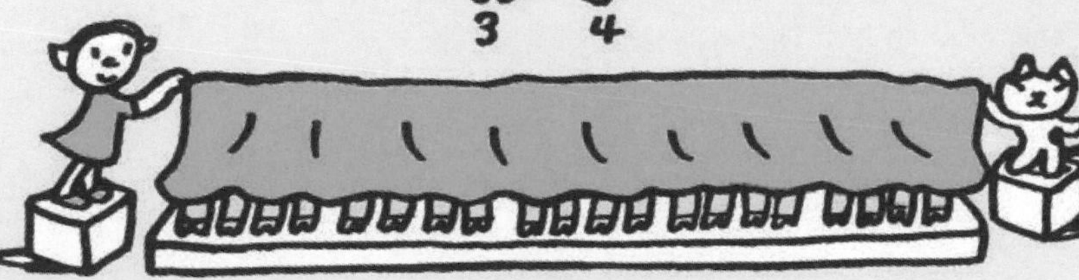

這裡有幾隻豬呢？

答案
20隻腳÷4
=5
有5隻豬。

# 8 計算的原理

前面我們提到了四則運算中會使用的詞，以及四種計算（加減乘除）彼此間的關係。這裡讓我們多用幾個計算的實例，幫大家抓到計算的重點吧。

**計算方式的「人氣投票」**

那麼，在四則運算的加減乘除中，哪種計算方式最受人喜愛，哪種計算方式最讓人討厭呢？如果辦一個人氣投票的話，可以得到什麼樣的結果呢？就算沒有真的辦投票，我們也大概猜得出來，「加法」應該會是人氣最高的運算方式，再來是「乘法」，應該有不少人討厭「減法」才對。

而最沒有人氣，可以榮登人氣最差第一名的，應該是「除法」吧。加法和乘法可以直接計算出結果。減法和除法則如前面提到的內容所示，分別是加法與乘法的逆運算。計算減法和除法時，常需用到它們的逆運算才能算出結果。

這也是為什麼不擅長這兩種運算的人相當多。「加法和乘法」總給人正向、明亮的感覺；相反的，「減法和除法」則會讓人有種要將自己的東西分給其他人的感覺。

特別是除法中，要是除不盡的話，就得再加上「餘數是多少」的「備註」，感覺實在相當麻煩。答案也得寫成

7÷3＝2…餘1

這樣的形式，要同時寫出「商」和「餘數」的大小才行。

以下是將「除法」寫成「乘法的逆運算」的形式，這才是除法「真正的樣子」。

$$7=3\times2+1$$

如果能寫出這個式子，表示你又更了解除法了。也就是說，

被除數÷除數＝商…餘數

⟷被除數＝除數×商＋餘數

這兩種寫法可以互換。

先不管喜不喜歡，加法和乘法是計算方法的根本這點，確實是事實。讓我們將一位數的計算列成表吧。

把這些數排成一個橫列和一個縱行，然後將一位數之間的

| + | 1 | 2 | 3 | 4 | 5 | 6 | 7 | 8 | 9 |
|---|---|---|---|---|---|---|---|---|---|
| 1 | 2 | 3 | 4 | 5 | 6 | 7 | 8 | 9 | 10 |
| 2 | 3 | 4 | 5 | 6 | 7 | 8 | 9 | 10 | 11 |
| 3 | 4 | 5 | 6 | 7 | 8 | 9 | 10 | 11 | 12 |
| 4 | 5 | 6 | 7 | 8 | 9 | 10 | 11 | 12 | 13 |
| 5 | 6 | 7 | 8 | 9 | 10 | 11 | 12 | 13 | 14 |
| 6 | 7 | 8 | 9 | 10 | 11 | 12 | 13 | 14 | 15 |
| 7 | 8 | 9 | 10 | 11 | 12 | 13 | 14 | 15 | 16 |
| 8 | 9 | 10 | 11 | 12 | 13 | 14 | 15 | 16 | 17 |
| 9 | 10 | 11 | 12 | 13 | 14 | 15 | 16 | 17 | 18 |

〈加法表〉

加法結果、乘法結果逐一填入表中。不擅長一位數計算的人，計算一般算式時也會覺得很困難；相反的，對於擅長一位數計算的人來說，不管要計算多大的數都不會算錯。

因此，熟悉這個表的計算，就是學習四則運算的第一步。就這點來說，我們可以說是相當幸運。「二二得四」、「二三得六」這樣的九九乘法表，對我們有很大的幫助。

### 由算術表可以看出什麼？

接著請看看這兩張表，並注意從左上到右下的對角線。

應該不難看出，對角線右上方和左下方的對應位置數字相同。很漂亮吧。看來就算只看表中一半的數字，也可以知道整張表的樣子。

| × | 1 | 2 | 3 | 4 | 5 | 6 | 7 | 8 | 9 |
|---|---|---|---|---|---|---|---|---|---|
| 1 | 1 | 2 | 3 | 4 | 5 | 6 | 7 | 8 | 9 |
| 2 | 2 | 4 | 6 | 8 | 10 | 12 | 14 | 16 | 18 |
| 3 | 3 | 6 | 9 | 12 | 15 | 18 | 21 | 24 | 27 |
| 4 | 4 | 8 | 12 | 16 | 20 | 24 | 28 | 32 | 36 |
| 5 | 5 | 10 | 15 | 20 | 25 | 30 | 35 | 40 | 45 |
| 6 | 6 | 12 | 18 | 24 | 30 | 36 | 42 | 48 | 54 |
| 7 | 7 | 14 | 21 | 28 | 35 | 42 | 49 | 56 | 63 |
| 8 | 8 | 16 | 24 | 32 | 40 | 48 | 56 | 64 | 72 |
| 9 | 9 | 18 | 27 | 36 | 45 | 54 | 63 | 72 | 81 |

〈乘法表〉

九九乘法表的對角線部分的計算特別重要，因為對角線上的數就是1到9的平方。

$$
\begin{aligned}
1^2 &= 1, & 11^2 &= 121,\\
2^2 &= 4, & 12^2 &= 144,\\
3^2 &= 9, & 13^2 &= 169,\\
4^2 &= 16, & 14^2 &= 196,\\
5^2 &= 25, & 15^2 &= 225,\\
6^2 &= 36, & 16^2 &= 256,\\
7^2 &= 49, & 17^2 &= 289,\\
8^2 &= 64, & 18^2 &= 324,\\
9^2 &= 81, & 19^2 &= 361,\\
10^2 &= 100, & 20^2 &= 400.
\end{aligned}
$$

如果把10到20的平方也背下來，便可活用在許多地方。

以上是實際做四則運算時的基本功──加法表和乘法表。我們也聊到了為什麼大家不喜歡除法。

可能有人認為「除得盡的話也就算了，要是除不盡的話，只會覺得很麻煩，一點也不有趣」。

事實上，確實有人會用「除不盡的除法」來形容「無聊的心情」，可見大家有多討厭除法。不過除法其實是很重要的計算，一點也不「無聊」喔。

之後我們就會介紹「餘數」在某些計算中的重要功能，敬請期待。

## 關於九九乘法的「思考」

小時候我們都會背誦「**九九乘法**」。如果不是像各位一樣，在記憶力強的時期背誦這張表的話，之後就算想背也很難背得起來。所以請把握機會。

但還是有些人，天生就背不起來，或者錯失了記憶力強的時期而背不起來。那麼我們就不要硬背，而是來想想看九九乘法有什麼有趣的地方可以幫助記憶。

| × | 1 | 2 | 3 | 4 | 5 | 6 | 7 | 8 | 9 |
|---|---|---|---|---|---|---|---|---|---|
| 1 | 1 | 2 | 3 | 4 | 5 | 6 | 7 | 8 | 9 |
| 2 | 2 | 4 | 6 | 8 | 10 | 12 | 14 | 16 | 18 |
| 3 | 3 | 6 | 9 | 12 | 15 | 18 | 21 | 24 | 27 |
| 4 | 4 | 8 | 12 | 16 | 20 | 24 | 28 | 32 | 36 |
| 5 | 5 | 10 | 15 | 20 | 25 | 30 | 35 | 40 | 45 |
| 6 | 6 | 12 | 18 | 24 | 30 | 36 | 42 | 48 | 54 |
| 7 | 7 | 14 | 21 | 28 | 35 | 42 | 49 | 56 | 63 |
| 8 | 8 | 16 | 24 | 32 | 40 | 48 | 56 | 64 | 72 |
| 9 | 9 | 18 | 27 | 36 | 45 | 54 | 63 | 72 | 81 |

九九乘法表

| 9 | 8 | 7 | 6 | 5 | 4 | 3 | 2 | 1 | |
|---|---|---|---|---|---|---|---|---|---|
| | | | | | | | | | 一 |
| | | | | | | | | | 二 |
| | | | | | | | | | 三 |
| | | | | | | | | | 四 |
| | | | | | | | | | 五 |
| | | | | | | | | | 六 |
| | | | | | | | | | 七 |
| | | | | | | | | | 八 |
| | | | | | | | | | 九 |

將棋盤

要表示一個對象在平面上的位置時，有很多種方法。

數學中，通常會將橫排稱為「列」，縱排稱為「行」。將棋中則會將橫排稱做「段」，縱排稱做「筋」。只要寫出「後手8五飛」，就可以讓人知道棋子的正確位置。

九九乘法表中，若指定「第4列，第5行」，就可以得到數字「20」。這就是為什麼會唸成「四，五，二十」。通常大家會默認「列的數字要先唸」。

之後會正式介紹「乘法順序」。這裡先整理一些九九乘法表中的有趣性質，並談一些和「乘法順序」有關的話題。

**九九乘法表由81組計算整理而成**，不過，和1有關的乘法，答案就是乘上1的那個數，所以省略和1有關的乘法應該也不會有什麼問題。而自己乘自己的計算又特別重要，可以做為衡量其他乘法計算的標準，所以我們把同數相乘的計算另外挑出來做成另一張表，得到以下兩張表。

| × | 2 | 3 | 4 | 5 | 6 | 7 | 8 | 9 |
|---|---|---|---|---|---|---|---|---|
| 2 | | 6 | 8 | 10 | 12 | 14 | 16 | 18 |
| 3 | 6 | | 12 | 15 | 18 | 21 | 24 | 27 |
| 4 | 8 | 12 | | 20 | 24 | 28 | 32 | 36 |
| 5 | 10 | 15 | 20 | | 30 | 35 | 40 | 45 |
| 6 | 12 | 18 | 24 | 30 | | 42 | 48 | 54 |
| 7 | 14 | 21 | 28 | 35 | 42 | | 56 | 63 |
| 8 | 16 | 24 | 32 | 40 | 48 | 56 | | 72 |
| 9 | 18 | 27 | 36 | 45 | 54 | 63 | 72 | |

| × | 2 | 3 | 4 | 5 | 6 | 7 | 8 | 9 |
|---|---|---|---|---|---|---|---|---|
| 2 | 4 | | | | | | | |
| 3 | | 9 | | | | | | |
| 4 | | | 16 | | | | | |
| 5 | | | | 25 | | | | |
| 6 | | | | | 36 | | | |
| 7 | | | | | | 49 | | |
| 8 | | | | | | | 64 | |
| 9 | | | | | | | | 81 |

如上方左表所示，改變乘法的前後順序時，結果並不會改變，我們前面也有提到這點。也就是說，只要背整張表的一半，即右上部分或左下部分就好。

而在背誦時，我們可以稍作改變口訣，譬如說

| × | 3 | 4 | 5 | 6 | 7 | 8 | 9 |
|---|---|---|---|---|---|---|---|
| 2 | 6 | 8 | 10 | 12 | 14 | 16 | 18 |
| 3 | | 12 | 15 | 18 | 21 | 24 | 27 |
| 4 | | | 20 | 24 | 28 | 32 | 36 |
| 5 | | | | 30 | 35 | 40 | 45 |
| 6 | | | | | 42 | 48 | 54 |
| 7 | | | | | | 56 | 63 |
| 8 | | | | | | | 72 |

**四，五**「五，四」**二十**

**五，六**「六，五」**三十**

在題目和答案之間，小小聲地說出相反的運算過程。

於是，原為 **「81組的九九乘法」** 先拿掉「和1有關的17組」，再拿掉「同數相乘的8組」另外背誦，剩下的部分則「將順序相反的運算放在一起背誦」，最後就可以 **「減為28組」**。

這種方法的特徵就在於，當我們大聲說出「五，四」之後，便能夠自然而然地馬上說出順序相反的「四，五」。

# 9 實際體驗計算規則

毫無疑問的，四則運算中確實有效率比較高、比較方便的「計算規則」。連同那些我們會在不知不覺中使用的規則，讓我們再好好回顧一下四則運算有哪些規則吧。

## 做出猜想、舉出例子

四則運算包含了加、減、乘、除等四種運算。如果某個四則運算的「規則」可以用在所有數字的計算，那麼我們就能放心用這個規則進行計算了。相反的，要是該「規則」只適用於特定數的話，就只能適用於特定情況。

而說明為什麼「任意選出來的數字，都會符合計算『規則』」的過程，叫做「證明」。但要證明一個規則並沒有那麼容易。**數學領域中，會將已證明過的規則稱做「定理」或「公式」。**

那麼，要怎麼知道有哪些「規則」該被證明呢？**這就要靠「靈機一動」的「猜想」了。**

雖然說是靈機一動，但「猜想」卻也不會像魔法般從天而降。運動選手在經過嚴格的練習之後，才能提升能力。數學也一樣，要經過不計其數的計算後，才能大概感覺出「這種方法可以順利解出答案，別種方法就不一定了」，進而曉得該怎麼解題。

不知道證明的細節也沒關係，不解題也沒關係。對各位來

計算訓練班
GOAL!
Let's go!
訓練中

說，最重要的是找出自己想問的問題，並試著猜想一套或許能順利進行的規則。

接著，請你盡可能多舉出一些例子，看看這個規則在哪些情況下會成立，哪些情況下不會成立。數學就像一個不需要金錢、不需要任何道具的尋寶遊戲。

**確認規則**

前面提到，加法和乘法可以將任兩個自然數轉換成另一個自然數。請回想一下之前的「加法表」和「九九乘法表」。以左上右下的對角線為界，右上部分和左下部分之對應位置的數值相同對吧。所以我們可以猜想**「一般來說，加法和乘法的兩個數前後調換時，結果不會改變」**這個規則應該會成立。

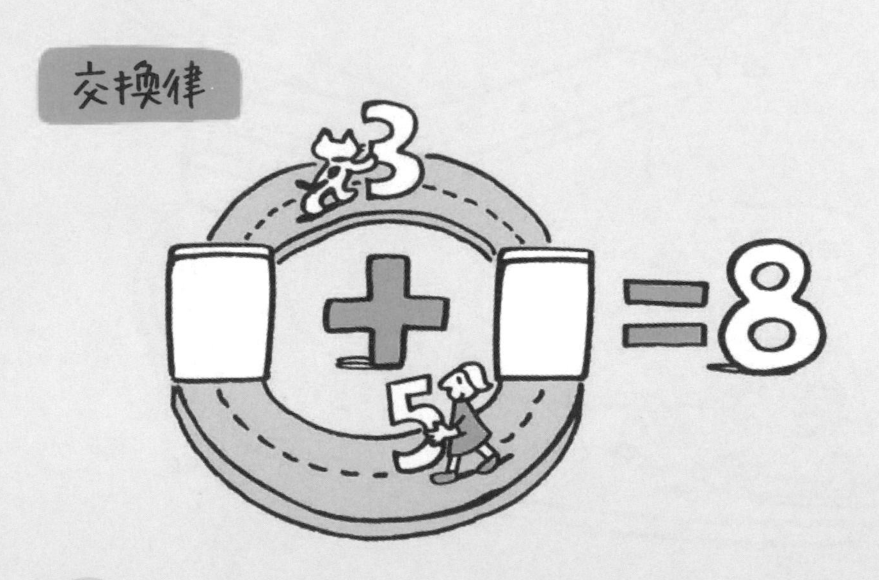

雖然我們認為這個規則對於任何數的計算應該都會成立，不過，實際上又是如何呢？讓我們試著用具體的數字3和5來驗證看看這個猜想。

$$3+5=5+3=8, \quad 3\times5=5\times3=15$$

用一顆顆珠珠為例，可以畫成下圖。

●●●＋●●●●●＝●●●●●●●●

●●●●●＋●●●＝●●●●●●●●

●●●●●×●●●＝<br>●●●<br>●●●<br>●●●<br>●●●<br>●●●<br>＝●●●●●●●●●●●●●●●

●●●×●●●●●＝<br>●●●●●<br>●●●●●<br>●●●●●<br>＝●●●●●●●●●●●●●●●

再試著換成另外兩個數字，用各種數字的組合算算看吧。動手操作才是理解的捷徑。有感覺到「這個規則對於任何自然數都成立」了嗎？

再來要驗證的猜想是**「在只有加法或只有乘法的計算中，不管是先計算哪個加法／乘法，答案都不會變」**，讓我們舉幾個例子來驗證這個猜想吧。

$$(2+3)+4=5+4=9 \longleftrightarrow 2+(3+4)=2+7=9,$$
$$(2\times 3)\times 4=6\times 4=24 \longleftrightarrow 2\times(3\times 4)=2\times 12=24.$$

答案確實沒有變。我們還可以畫出珠珠來驗證這個猜想。而就算改用其他數字組合，這個規則似乎也會成立。

前面提到的兩個猜想的算式中，不是只有用到加法，就是只有用到乘法。那麼有用到加法也有用到乘法的算式中，是不是也具有某種規則呢？

譬如說

$$2\times(3+4)=2\times 7=14 \longleftrightarrow 2\times 3+2\times 4=6+8=14$$

從計算結果可以推測，**「將括弧外的數字分別乘以括弧內的各個數字再相加，會得到一樣的結果」**這樣的猜想或許會成立。

畫出珠珠數數看、排排看，大概就知道為什麼會這樣了吧。驗證的時候，也請你試著多畫幾種情況、算算看會不會符合這個猜想。

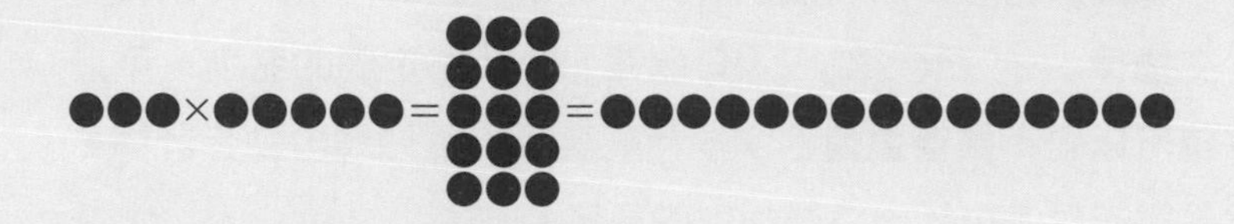

●●●×(●●+●●●)

　　●●　●●●<br>=●●+●●●=●●●●●●●●●●●●●●●<br>　　●●　●●●

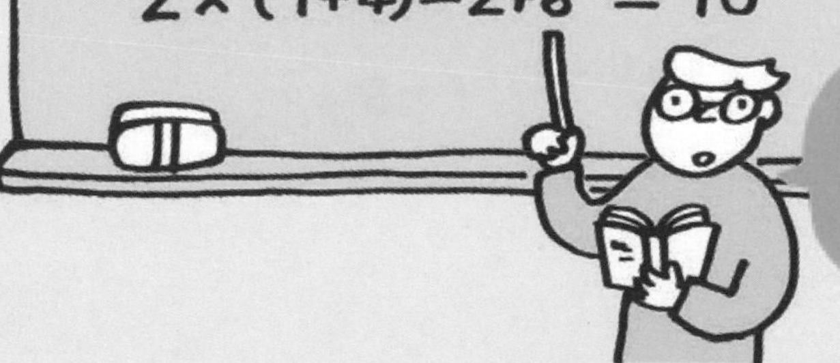

**這三個猜想在自然數的計算中是很重要的規則，分別有著「交換律」、「結合律」、「分配律」等嚴格定義的名字。不過各位可以先不要管這個名字是什麼意思，請你親自動手計算，從具體的例子中找出這些規則的意義。**

另外，在同時有多種運算的式子中，必須要先做乘法和除法。譬如說，請看下方的畫線部分。

$$2+\underline{3\times4}=2+12=14.$$

上式中，要是先算2＋3的話，就會「違反規則」了。

如果各位想寫出式子給其他人看，且式子中要先做加法／減法的話，就要像

$$(2+3)\times4=5\times4=20$$

這樣用括弧把加法／減法的計算部分括起來，在式中明確表示出要先計算的部分才行。

以上，我們藉由實際的計算過程，猜想出某些或許能適用於多種狀況的規則，再藉由畫圖與實際計算，驗證這個猜想是否正確。由此便可知道實際動手計算的重要性。

# 10 為自然數分類

前面我們介紹了各種計算時會用到的專有名詞與計算的規則。接下來就讓我們利用自己的計算能力，展開「自然數的探索之旅」吧。

## 偶數與奇數

前面說除法常被認為是「最花時間、又最不受歡迎的計算方法」。這對「除法」君來說實在有點失禮。被人家這麼說，想必「除法」君也會覺得「沒有被除盡，不怎麼舒服」吧。

讓我們幫除法君講點話吧。在研究「數」的時候，除法，特別是「餘數」，常扮演著很重要的角色。

首先，將每個自然數1、2、3、4、5、6、7、8、9、……分別除以2，依照有沒有餘數，將其分為兩類。

可整除的數：2, 4, 6, 8, 10, 12, 14, 16, 18, 20,...
餘1的數：1, 3, 5, 7, 9, 11, 13, 15, 17, 19,...

如上所示，一種是可以被2整除的數，一種是除以2後會餘1的數。這兩種數分別叫做**「偶數」**（可整除的數）和**「奇數」**（餘1的數）。也就是說

偶數：2, 4, 6, 8, 10, 12, 14, 16, 18, 20,...
奇數：1, 3, 5, 7, 9, 11, 13, 15, 17, 19,...

由此可知**「自然數可以分成偶數和奇數」。**

就像自然數有無限個一樣，偶數和奇數也都有無限個。因

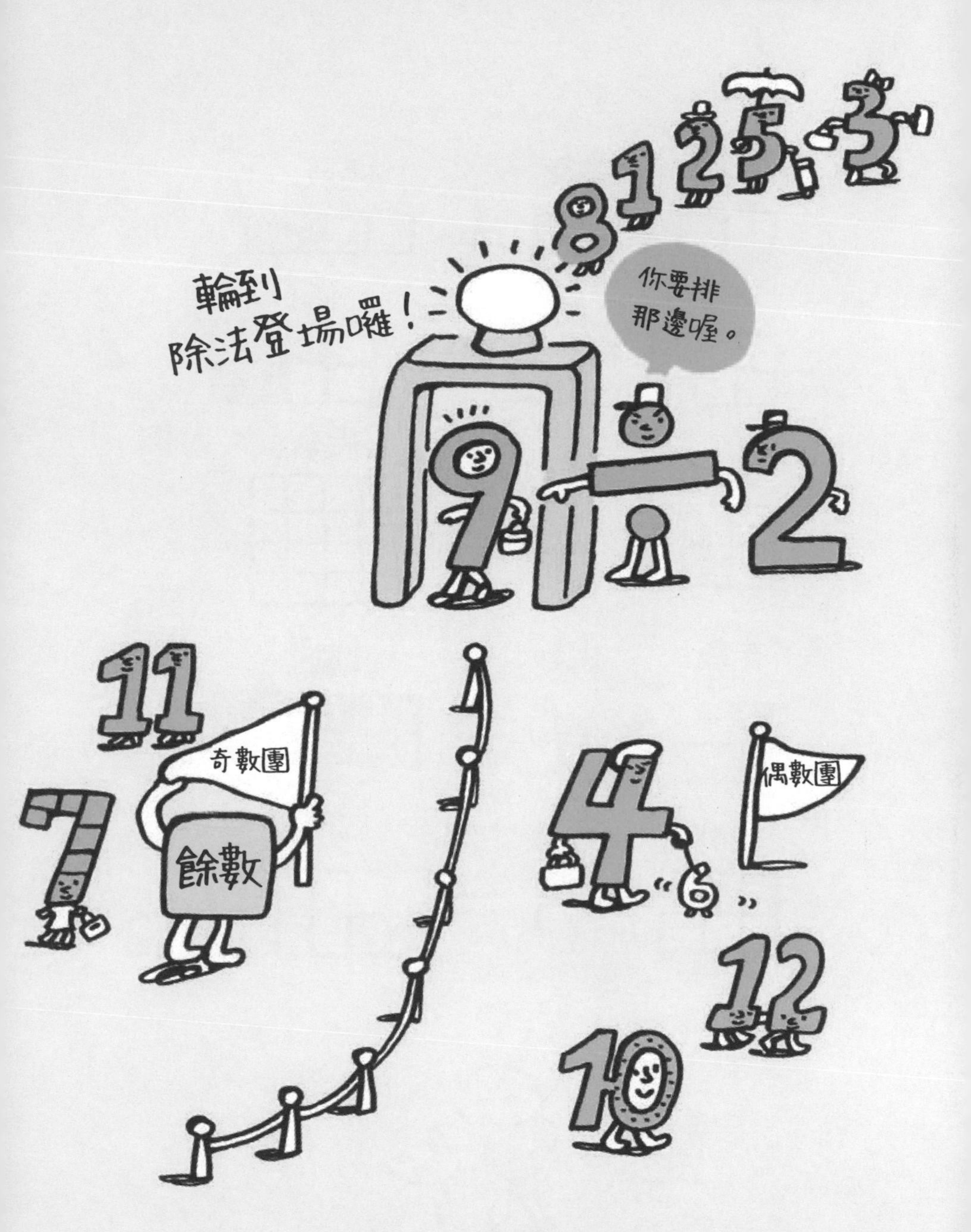
輪到
除法登場囉！
你要排
那邊喔。
奇數團
餘數
偶數團

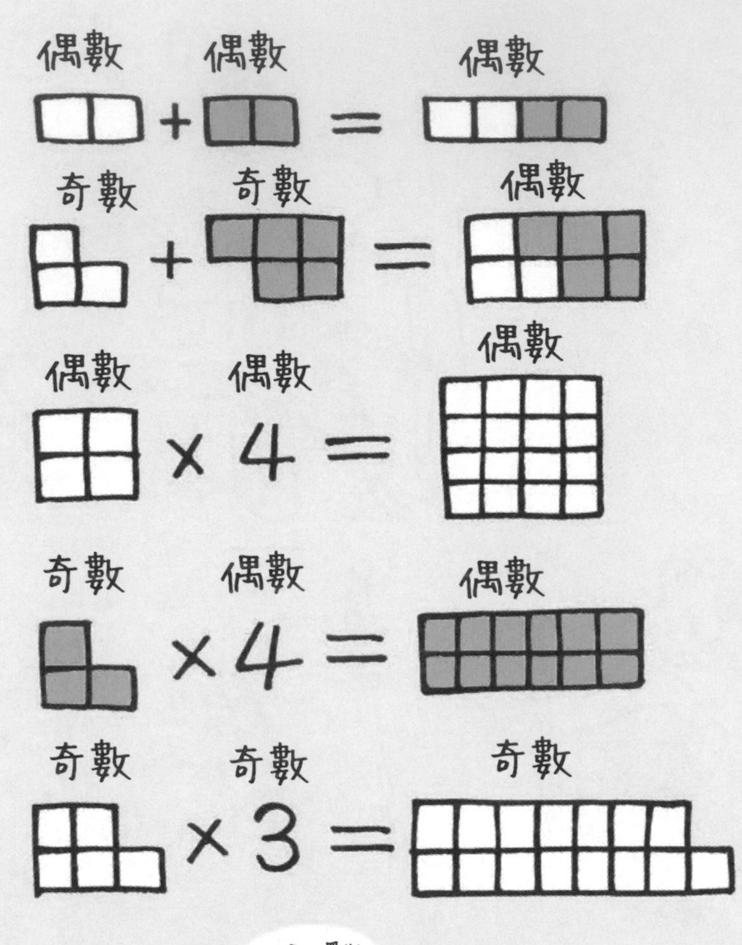
偶數
偶數
偶數
奇數
奇數
偶數
偶數
偶數
×4
偶數
奇數
偶數
偶數
×4
奇數
奇數
奇數
×3

好像俄羅斯方塊……
嗯

此不存在「最大的偶數」和「最大的奇數」

那麼具體而言，偶數和奇數分別擁有什麼樣的性質呢？比方說，偶數與偶數相加後理所當然會得到偶數，奇數與奇數相加後也會得到偶數。

讓我們實際拿數字來算算看吧。

$$2+2=4,\quad 3+5=8.$$

那麼將偶數和奇數相加之後又會如何呢？答案是奇數對吧。譬如下面的例子。

$$3+4=7,\quad 5+10=15.$$

再來請試著想想看偶數、奇數的乘法會得到什麼結果。但也不要一次就把所有偶數、奇數的乘法都寫出來，重要的是要先寫出許多具體的例子，建立猜想。以下先舉幾個例子。

$$2\times4=8,\quad 6\times10=60,\quad 3\times5=15,$$
$$7\times11=77,\quad 2\times5=10,\quad 9\times12=108.$$

當然，就算自己舉出來的例子符合猜想，也不表示「全部的數都會符合猜想」。但是，要是沒有實際舉出例子的話，就不會有「新發現」。

如果能夠一邊思考有哪些例子，一邊享受數學的樂趣，總有一天，一定能靠自己的力量證明「在所有情況下都會符合猜想」。

**哪個比較多呢？**

接下來要介紹的是相當有趣、相當不可思議、相當難以置信、相當出乎意料的事實，請仔細閱讀。

前面曾說明過，我們在數物體的個數時，會將一個物體對應到一個自然數。雖然我們無法直接計算液體類的東西，但如果是塊狀物體的話，便可以將每個物體與每個自然數逐一對應，屬於「可數」的物體。

譬如說，將以下珠珠分別與自然數逐一對應

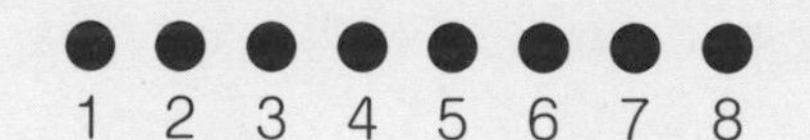


就可以知道一共有八個珠珠。

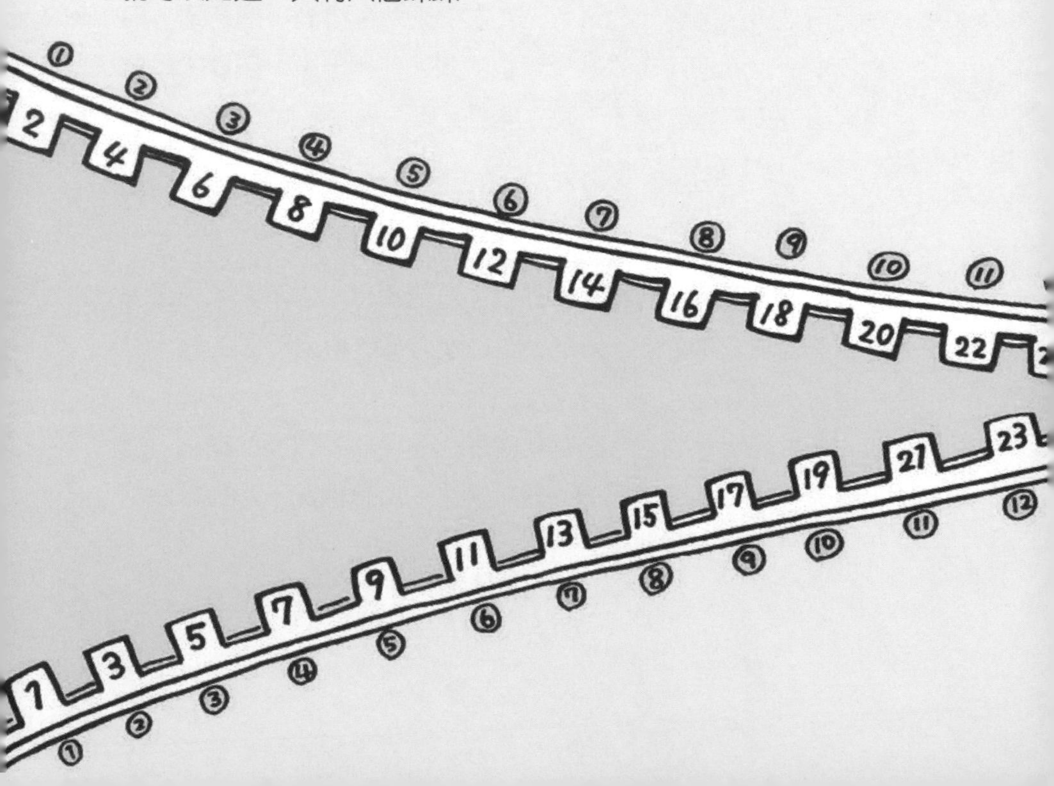

那麼，偶數有多少個呢？

就像剛才數珠珠數目時一樣，我們可以將偶數與自然數逐一對應如下。

| 偶數： | 2 | 4 | 6 | 8 | 10 | 12 | 14 | 16 | 18 | 20 | … |
|---|---|---|---|---|---|---|---|---|---|---|---|
| | ↑ | ↑ | ↑ | ↑ | ↑ | ↑ | ↑ | ↑ | ↑ | ↑ | |
| 自然數： | 1 | 2 | 3 | 4 | 5 | 6 | 7 | 8 | 9 | 10 | … |

因為偶數和自然數都有無限個，所以這麼數下去是沒有終點的。不過至少我們可以確定，一個偶數一定可以對應到一個自然數，所以可以得到**「偶數為可數，且數目與自然數相同」**的結論。

奇數的情況也和偶數相同，所以可以得到**「奇數為可數，且數目與自然數相同」**的結論。

| | | | | | | | | | | | |
|---|---|---|---|---|---|---|---|---|---|---|---|
| 奇數 ： | 1 | 3 | 5 | 7 | 9 | 11 | 13 | 15 | 17 | 19 | … |
| | ↑ | ↑ | ↑ | ↑ | ↑ | ↑ | ↑ | ↑ | ↑ | ↑ | |
| 自然數 ： | 1 | 2 | 3 | 4 | 5 | 6 | 7 | 8 | 9 | 10 | … |

你覺得如何呢？將十個紅豆麵包平分給兩個人時，每個人可以拿到五個麵包。將十億元平分給兩個人時，每個人可以拿到五億元。不管是多大的數，平分之後都會變成一半，這不是「常識」嗎？但由前面的推導，我們得到了一個不可思議的結論。

那就是，**自然數可以平分為偶數與奇數，但這兩種數的數目都和自然數相同。**這是真的嗎？分成兩半之後居然不會減少……不過這就是事實。

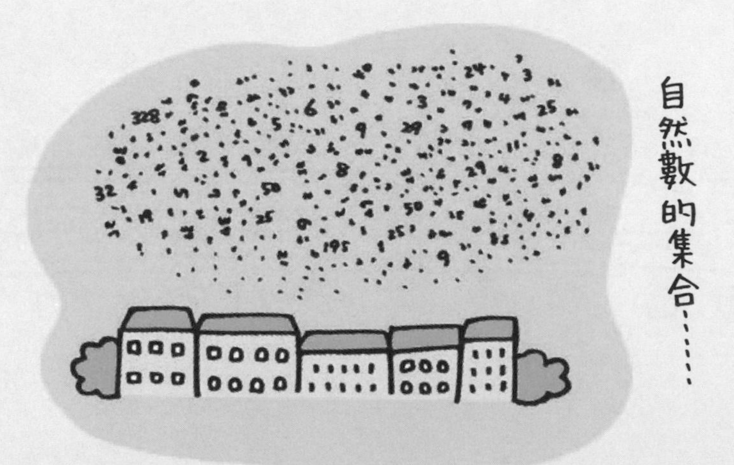

就算分成好幾份，也不會減少……。
ZZ…

# 11 新「龜兔賽跑」

前面提到，我們可以依照除以2後「有沒有餘數」，將自然數分成偶數與奇數兩種數的集合。

令人驚訝的是，偶數與奇數都屬於自然數的一部分，但偶數與奇數的數目卻都和自然數一樣多。實在是相當不可思議。而且，這個話題還能繼續延伸下去。

**不管怎麼平分……**

回想一下前面分出奇數和偶數的「方法」。如果我們改將焦點放在自然數除以3後的餘數，便可將自然數分成「可整除的數」、「餘1的數」、「餘2的數」等三種。具體列舉如下。

| | | | | | | | | | | | | |
|---|---|---|---|---|---|---|---|---|---|---|---|---|
| 可整除的數 | ： | 3 | 6 | 9 | 12 | 15 | 18 | 21 | 24 | 27 | 30 | … |
| 餘1的數 | ： | 1 | 4 | 7 | 10 | 13 | 16 | 19 | 22 | 25 | 28 | … |
| 餘2的數 | ： | 2 | 5 | 8 | 11 | 14 | 17 | 20 | 23 | 26 | 29 | … |
| 自然數 | ： | 1 | 2 | 3 | 4 | 5 | 6 | 7 | 8 | 9 | 10 | … |

就像偶數和奇數都可以和自然數逐一對應一樣，這三種數也都可分別與自然數逐一對應。

同樣的，將自然數除以4之後，則可以列表分成四種

| | | | | | | | | | | | | |
|---|---|---|---|---|---|---|---|---|---|---|---|---|
| 可整除的數 | ： | 4 | 8 | 12 | 16 | 20 | 24 | 28 | 32 | 36 | 40 | … |
| 餘1的數 | ： | 1 | 5 | 9 | 13 | 17 | 21 | 25 | 29 | 33 | 37 | … |
| 餘2的數 | ： | 2 | 6 | 10 | 14 | 18 | 22 | 26 | 30 | 34 | 38 | … |
| 餘3的數 | ： | 3 | 7 | 11 | 15 | 19 | 23 | 27 | 31 | 35 | 39 | … |
| 自然數 | ： | 1 | 2 | 3 | 4 | 5 | 6 | 7 | 8 | 9 | 10 | … |

①號選手

烏龜

- 標準速度
- 一步步踏實前進。
- 不怕苦不怕累。

②號選手

普通兔

- 2倍速
- 喜歡紅蘿蔔。
- 其實是隻很努力的兔子。

③號選手

火箭兔

- 5倍速
- 出生於美國。
- 有點粗線條，
  卻一點也不懶惰。

④號選手

瞬移兔

- 10倍速
- 出生於日本。
- 雖然會逃跑，
  但其實也很努力。

果然，每一種數都可以和自然數逐一對應。

也就是說，自然數除以多少，就可以分成幾種數。而不管是分成一百種還是一千種，每一種的數目都會和自然數相同。

不過前面舉的例子中，數的「跳動」都很小。相鄰的偶數或奇數都只有跳一個數；用除以3來分組時，每一組內的相鄰數也只有跳兩個數。這可能會讓人覺得，就算這些數和自然數的數目相同「好像也沒那麼奇怪」。

那麼這樣的例子又如何呢？

比方說，要是一組數中，後一個數是前一個數的十倍。那麼數的「跳動」速度就會變得十分恐怖。如果自然數是「烏

龜」的話，這種數就像「裝有火箭引擎的兔子」一樣，瞬間就不知道飛到哪裡去了。

即使如此，「自然數烏龜」還是會一步一步追著這種兔子跑，將這些數一個個編上編號。不管兔子怎麼跑，烏龜一定都追得到，故可得到以下數列

| 1 | 10 | 100 | 1000 | 10000 | 100000 | 1000000 | 10000000 | 100000000 | … |
|---|---|---|---|---|---|---|---|---|---|
| 1 | 2 | 3 | 4 | 5 | 6 | 7 | 8 | 9 | … |

由此便可看出，烏龜和火箭兔前進的量是一樣的。

不管數字膨脹得有多快，結果都一樣。舉例來說，就算有一種跑得更快的「瞬移兔」，烏龜也不會被嚇到，而是能夠腳踏實地、一步步追上瞬移兔。

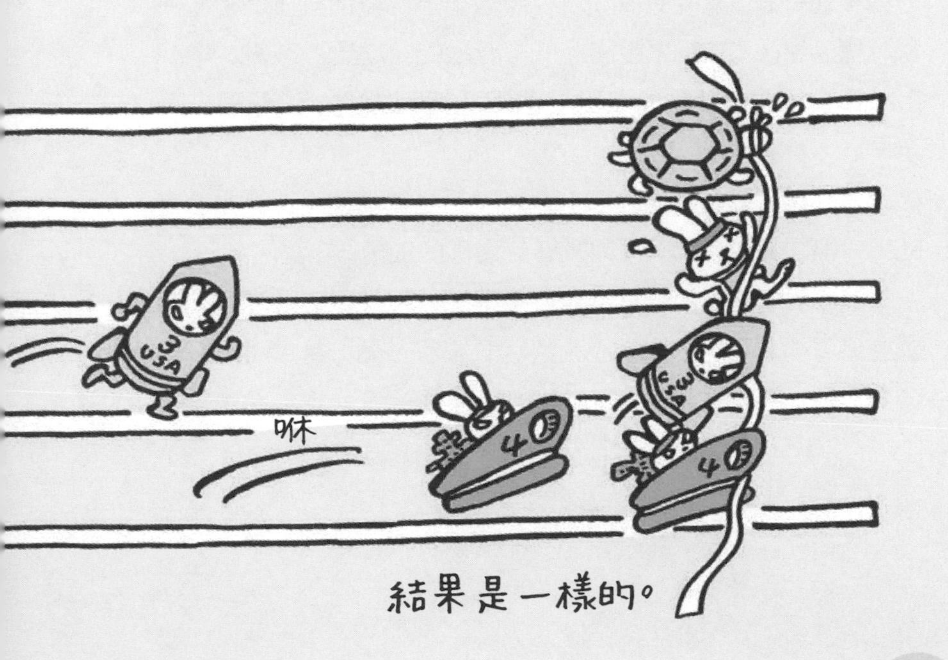

不過，這個新版的「龜兔賽跑」中，兔子也很努力，不像舊版童話的兔子那樣停下來休息，所以烏龜也無法追過兔子。不管兔子再怎麼努力，最後一定會「平手」，真是個神奇的賽跑對吧。

**「阿列夫零」登場**

**這種不同於一般常識的結論，只有在使用到「無限」這個概念時才會成立。**如果數字有限的話，在平分成數份之後，一定會變得比原本的數還要小，就算是一億或一兆那麼大的數字也一樣，就像我們所了解的常識一樣。

不過，當我們使用到「無限」這個概念時，就會發生**「部分與整體一致」**的奇妙情況。「無限」這個概念實在是相當神秘，讓人覺得不能簡單說出「～是無限的」之類的句子。

**像這種「自然數的無限」會用「阿列夫零」這個詞來表示。**

怎麼樣？這名字很帥吧！讓人聯想到動畫裡出現的勇者對吧。「無限的勇者——阿列夫零」這樣的主角很不錯吧。

這個勇者的武器是有無限發彈藥的「自然數火箭筒」。他還會分身術，可以依照對手的數目分出許多個分身，而且每個分身都有一樣的火箭筒，可以射出無限個子彈。

究竟，這個世界上有沒有人能
勝過這個勇者呢……？

# 12 無限的概念

來談談「無限的勇者——阿列夫零」強大的秘密吧。

他的主要武器「自然數火箭筒」可以射出無限發子彈。即使想計算他發射了多少發子彈，也「數不盡」到底有幾發。另外，敵人有幾個，他就能分裂出幾個分身，而且每個分身都和本體「一樣強」，一樣可以發射無限發子彈。可以說是最強的勇者。

各位可能有聽過**「無限大」**這個和**「無限」**很像的詞。當我們想要表達一個數非常非常大，大到不能再大的時候，就會用「無限大」來描述它。無限大的符號是**「∞」**。

這個概念聽起來很帥，也很方便……，不過這個「無限大的數」卻有許多奇妙的性質。

## 發射再發射

雖然說自然數火箭筒可以不斷發射子彈，但我們不能讓勇者獨自戰鬥，他需要一個助手。

助手可以回收沒打到敵人的子彈，再交回給勇者。勇者收到這些子彈時，雖然會迅速把這些子彈收回彈匣內，卻不會露出笑容。為什麼呢？

這是因為勇者有無限發子彈，就算再多加「一發」，彈匣內的子彈數量也不會改變、不會「多一發子彈」。就算補充幾百發、幾千發子彈，彈匣內的子彈數量也一樣不會改變。這個火箭筒有個神奇的性質：它可以發射無限發子彈，但不管補充多少發子彈，彈匣內的子彈都「不會增加」。

如果把這段描述寫成式子的話，一般人可能會想要用無限大的符號來表示子彈的發數，也就是把無限大當成一個「數」，但這卻是個嚴重的錯誤。

比方說，火箭筒不管是補充了一發子彈，還是補充一萬發子彈，結果並沒有差異。但如果將以下兩者

$$\infty+1,\quad \infty+10000$$

用等號連接起來的話，由這個等式就會推得1＝10000這種荒唐的結論。

依此類推，我們會得到所有數都相等的結論。這麼一來，之前提到的所有計算規則就都沒有意義了。這就是為什麼我們不能把無限大視為一個數。要特別注意的是，「∞」只是一個概念性的符號，並不是「數」。

那麼，如果將「另一個有無限發子彈的彈匣」交給英雄的話，又會變得如何呢？

請回想一下偶數與奇數的情況，應該就能夠明白了。偶數還是奇數都有無限個，而且和自然數的數目相同。不過自然數是由偶數和奇數組成，這表示，偶數和奇數合而為一後，會重現出原本的自然數，但數目卻沒有增減。

因此，不管是將「偶數火箭筒」或者是「奇數火箭筒」與自然數火箭筒合而為一；還是將另一個自然數火箭筒與自然數火箭筒合而為一，「子彈的數目」都不會改變。

我們常會將「部分是整體的一部分」視為理所當然。但在涉及到無限時，卻不是理所當然。這就是無限的神秘之處。

將自然數分成偶數和奇數，或者是依照餘數將自然數分成三類、四類、好幾類時，每一類的數的數目都和自然數相同，很神奇吧。

而且，將每一類的數再度合而為一時，數的數目也不會超過自然數。聽起來很理所當然。這裡的「理所當然」，和前面的「不理所當然」會同時成立而不互相矛盾，這就是「無限」這個概念特別的地方。

無限大，無限小。

無限遠，無限近。

無限除了可以用來表達非常大、非常小、非常遠、非常近等空間上的概念，也暗示了「部分和整體一致」的特徵。

## 阿列夫之星

各位理解到自然數的無限、阿列夫零的有趣之處了嗎？「無限」這個概念自古以來便困擾著人們，也為人們帶來許多樂趣。這是一段有很多故事的歷史。

古希臘的學者們面對這個概念時相當謹慎，明明一句「無限」就可以帶過的概念，他們卻沒有這麼做。或許這可以說是他們「知道這個概念有多困難的證據」吧。**「知道」「自己不知道」**，正是希臘人的智慧。

各位可能會認為，擁有可以發射無限發子彈的火箭筒的勇者，一定是世界最強的勇者吧。但事實上並非如此。「勇者・阿列夫零」是一位來自遙遠的星球——阿列夫星的青年。他有兄弟，也有父母。其中，他的爸爸**「阿列夫壹」**也有「無限」的屬性，層級卻比阿列夫零的「無限」還要誇張許多。

阿列夫壹所代表的意義，在我們的星球——地球上稱做**「實數」**。不過要解釋什麼是「實數」的話，可能需要一些時間。

這位「偉大的父親」就留待之後再做介紹。讓我們先從無限的世界「阿列夫之星」回到有限的世界吧。有限的世界中還有許多有趣的事物，甚至，有些事物就是因為在有限的世界內，才會那麼有趣。

你可能會
認為自己知道
自己「不知道」，
但我認為「知道」
這件事……
哇哈哈……
希臘人

# 13 三角數

前面我們學過了數的表示方式、對於所有自然數皆成立的計算規則。另外，偶數和奇數原本都屬於自然數的一部分，但是當我們實際「數數看」之後，卻發現它們的數目和自然數相同，這就是「無限」的概念，是個很神奇的性質。

愈了解無限這個概念、愈思考無限這個概念，會覺得愈好玩。不過現在先讓我們暫時停止探索無限這個概念，把焦點轉往「有具體名稱的數」吧。

## 什麼是三角數？

首先，請想想看**「分類」**是什麼意思。簡單來說，就是**依照某個規則，將東西分成滿足這個規則的集合，和不滿足這個規則的集合**。

舉例來說，「偶數、奇數」就是一種「數的分類」。這裡我們是用能不能被2整除的條件，為所有的自然數分類。符合這個條件的自然數稱做「偶數」，不符合這個條件的自然數則稱做「奇數」。

各位應該知道圓形、三角形等代表性的**「圖形」**。在數學領域中，了解數的計算很重要，了解圖形的性質也一樣重要。

這裡就讓我們來聊聊古希臘數學家**「畢達哥拉斯」**很喜歡，事實上也很有趣的**「三角數」**。之所以叫做「三角數」，並不是因為這些數的外表很像三角形。如果某個數量的珠珠可以排成正三角形，那麼這些珠珠的個數就叫做「三角數」。

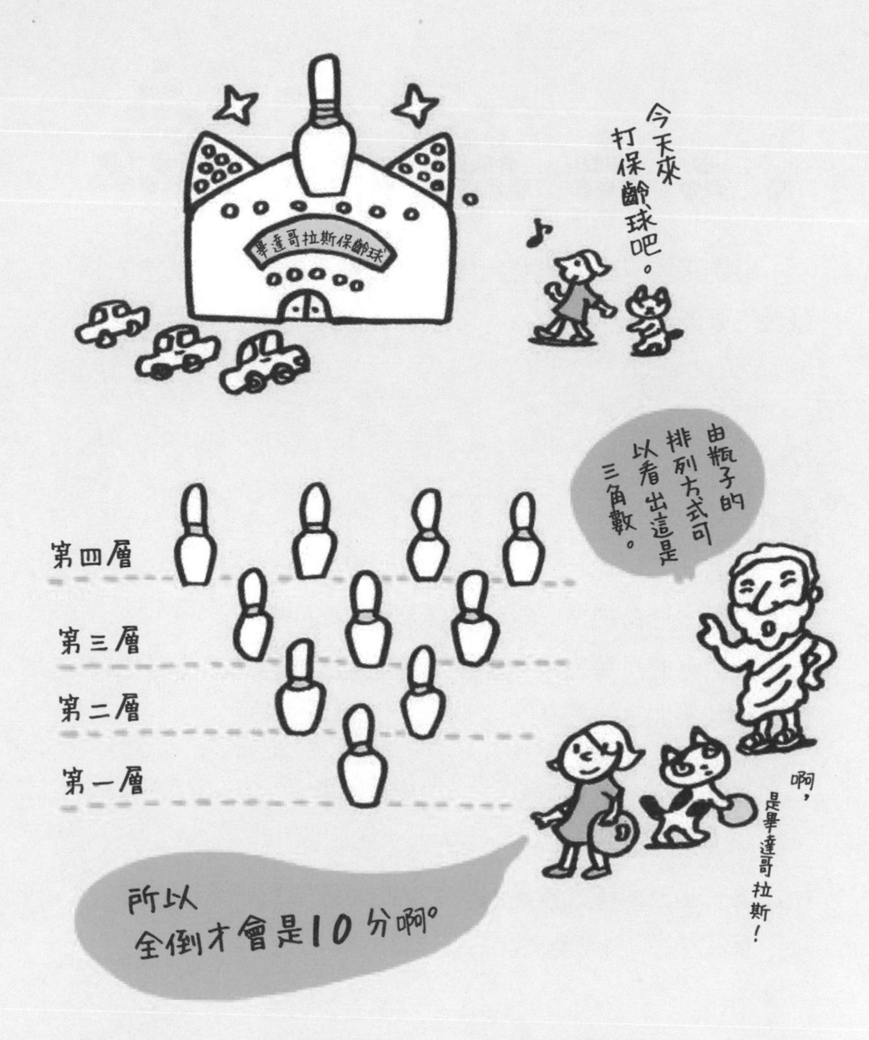
畢達哥拉斯保齡球
今天來打保齡球吧。
由瓶子的排列方式可以看出這是三角數。
第四層
第三層
第二層
第一層
啊，是畢達哥拉斯！
所以全倒才會是10分啊。

= 10

1 2 3 4

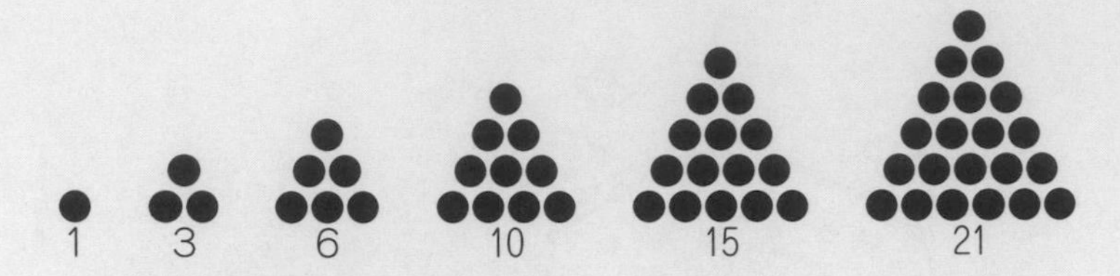


舉例來說，上面這些數就是三角數。寫成直式加法的話，就像下面的樣子。

$$
\begin{array}{r} \\ \\ \\ \\ \\ +)\ 1 \\ \hline 1 \end{array}
\quad
\begin{array}{r} \\ \\ \\ \\ 1 \\ +)\ 2 \\ \hline 3 \end{array}
\quad
\begin{array}{r} \\ \\ \\ 1 \\ 2 \\ +)\ 3 \\ \hline 6 \end{array}
\quad
\begin{array}{r} \\ \\ 1 \\ 2 \\ 3 \\ +)\ 4 \\ \hline 10 \end{array}
\quad
\begin{array}{r} \\ 1 \\ 2 \\ 3 \\ 4 \\ +)\ 5 \\ \hline 15 \end{array}
\quad
\begin{array}{r} 1 \\ 2 \\ 3 \\ 4 \\ 5 \\ +)\ 6 \\ \hline 21 \end{array}
$$

也就是說，三角數是「從1到某個自然數的總和」。

把上一個計算結果再加上下一個自然數，就可以得到下一個三角數，如下。

$$1,\ 1+2=3,\ 3+3=6,\ 6+4=10,\ 10+5=15,\ 15+6=21$$

所以下一個三角數就會是21＋7＝28，很簡單吧。

而28也是從1加到7的加法計算結果。如下所示

$$1+2+3+4+5+6+7=28.$$

接著讓我們來揭開三角數的「真面目」吧。

特別球道
這有
十五層喔。

## 求三角數

不過，如果用這種算法的話，就要知道上一個三角數是多少，才能計算出下一個三角數。那麼，該如何計算第一百個、第一千個三角數呢？

在回答這個問題之前，先讓我們來看看三角數畫成圖形的樣子吧。以第五個三角數「15」為例。

把圖形上下顛倒，珠珠的個數也不會改變，故我們可以將三角數15畫成以下兩種圖形，再相加之後

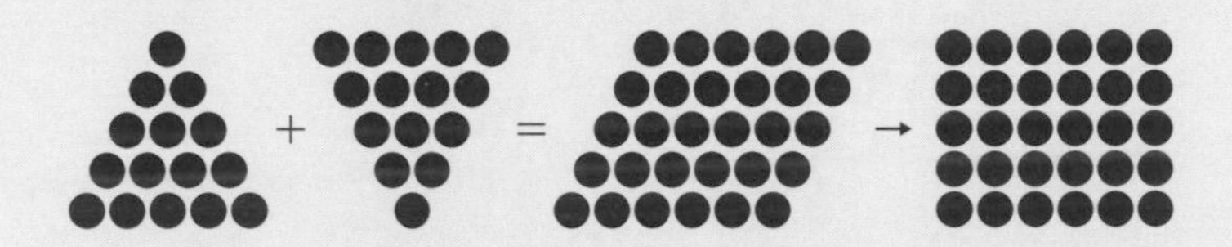

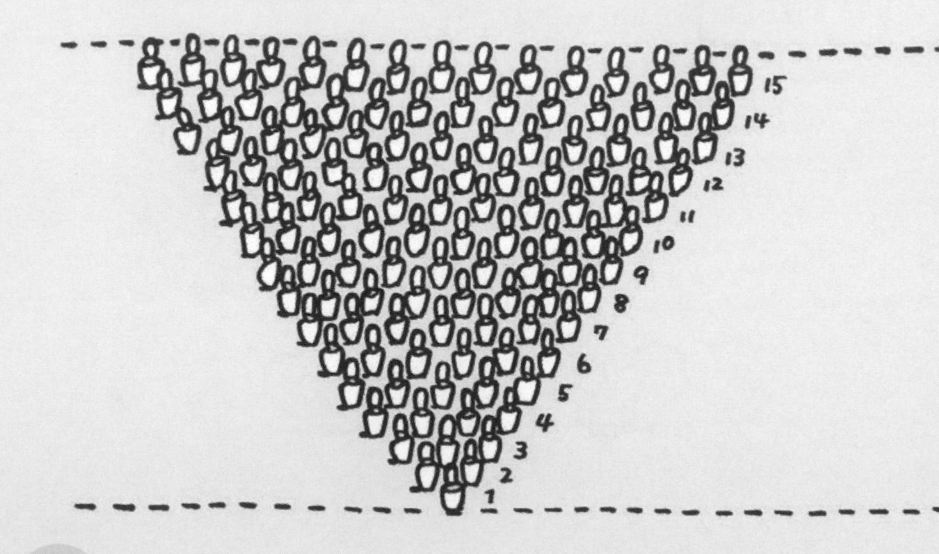

就會得到每層有六個珠珠，總共有五層的圖形。

因此，這五層珠珠的總數就是5×6＝30個。不過這個數是我們想求的數的兩倍，所以要除以2

$$(5\times6)\div2=15.$$

最後得到，第五個三角數的數值為15。

那麼，第一百個三角數── 或者說，從1加到100的總和──會是多少呢？

組合兩個三角數圖形後，可以得到每層有（100＋1）個珠珠，總共有一百層的圖形。故一個三角數圖形的珠珠數量為

$$100\times(100+1)\div2=5050$$

是很簡單的計算吧。

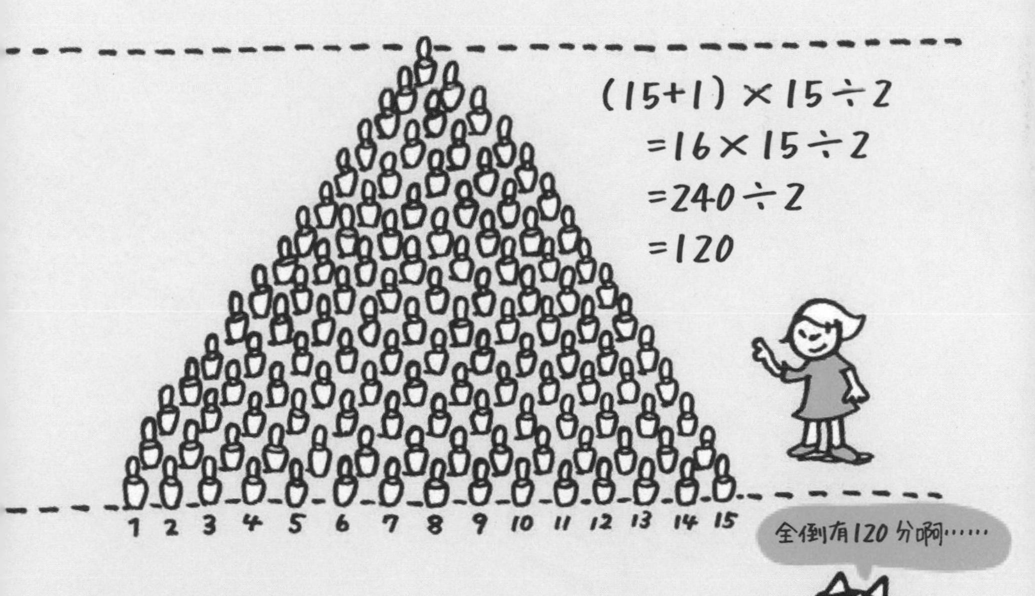

這也表示從1加到100的總和為5050，如下所示。

$$1+2+3+4+5+\cdots\cdots+97+98+99+100=5050.$$

事實上這個計算，和大數學家**「高斯」**於「少年時期在課堂上碰到的問題」相同。

那時，課堂上的老師有別的事要辦，必須離開教室。於是他想了一個很花時間的題目給學生做，那就是「計算從1到100的總和」。不過，當時還是少年的高斯卻在一瞬間就算出了答案。

他的計算方法是這樣的：將1到100從小到大排成一列，再從大到小排成另一列，就和用三角數計算總和一樣。

$$
\begin{array}{r}
1 + 2 + 3 + \cdots\cdots + 98 + 99 + 100 \\
+)\ 100 + 99 + 98 + \cdots\cdots + 3 + 2 + 1 \\
\hline
101 + 101 + 101 + \cdots\cdots + 101 + 101 + 101
\end{array} = 101 \times 100.
$$

於是，老師最後也沒辦法離開教室。各位也試著學學高斯，用惡作劇以外的方式讓老師困擾吧。

接著再讓我們多談談圖形和數的故事。

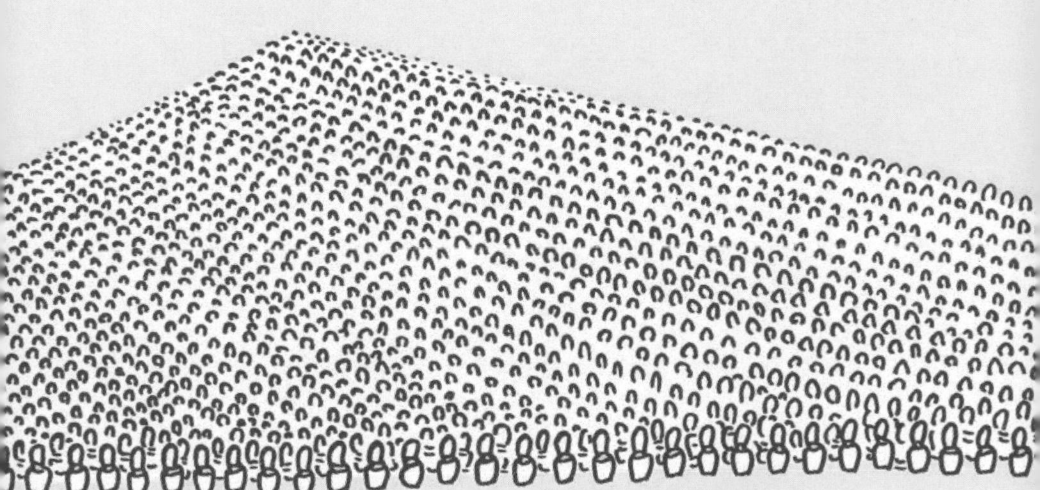

# 14 四角數與 gnomon

三角數是可以排成「正三角形」的珠珠個數，也代表**「自然數之和」**。再來說說四角形，這裡要學習的是**「四角數」**。

### 什麼是四角數？

想必各位應該也猜到了。四角數是可以排成「正方形」的珠珠數目。譬如下圖這幾個數就是四角數。

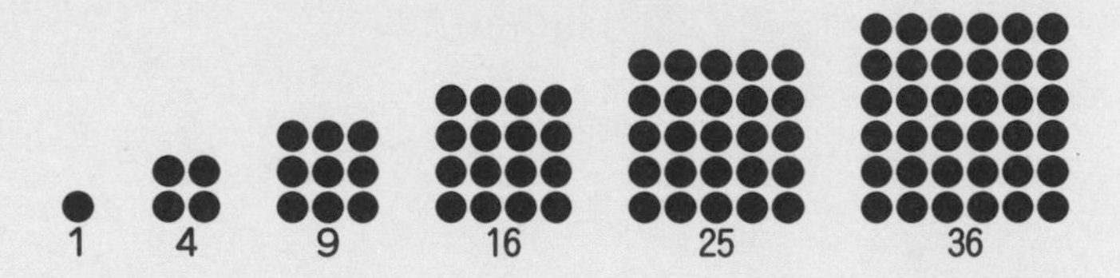


前面我們算過了第一百個、第一千個三角數的數目。那麼，第一百個、第一千個四角數又是多少呢？這個應該很快就能看出來了吧。珠珠排列成正方形時，縱向和橫向的珠珠數目相同，所以四角數全都是平方數。實際計算後可以得到

$$1\times1=\mathbf{1},$$
$$2\times2=\mathbf{4},$$
$$3\times3=\mathbf{9},$$
$$4\times4=\mathbf{16},$$
$$5\times5=\mathbf{25},$$
$$6\times6=\mathbf{36}$$

以此類推，第一百個四角數就是$100\times100=\mathbf{10000}$。很簡單吧。四角數就是平方數。

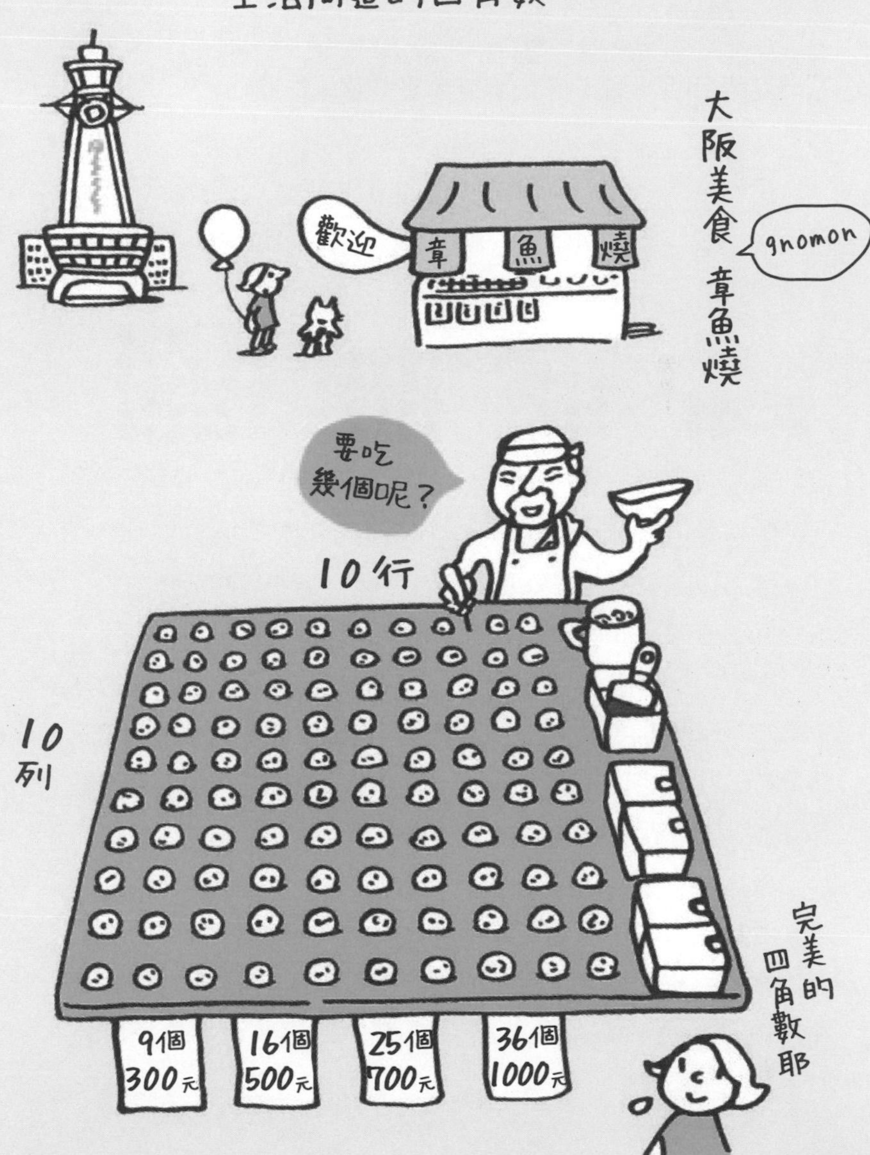

生活周遭的四角數。
大阪美食 章魚燒
gnomon
歡迎
章
魚
燒
要吃幾個呢？
10行
10列
9個 300元
16個 500元
25個 700元
36個 1000元
完美的四角數耶

### 四角數的另一個意思

不過，四角數還有另一個意思。在說明這個意思之前，讓我們試著用L字形工具來區隔剛才畫的那些珠珠吧。

希臘有種叫做**「gnomon」**的L形木條，而這種區隔物體用的工具也叫做gnomon。那麼，我們可以靠gnomon明白到什麼事呢？讓我們一個個來看看吧。

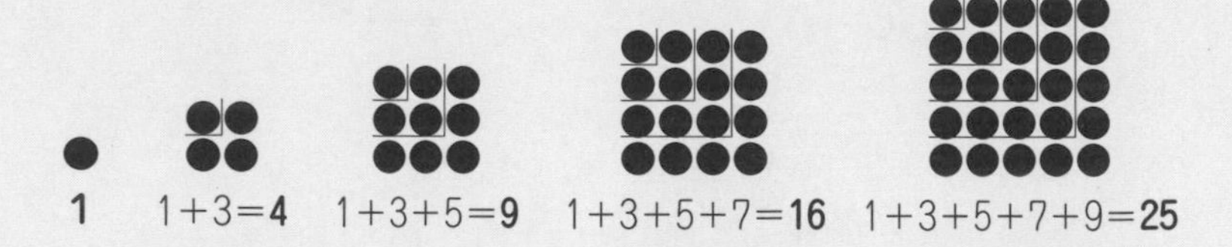


數數看用gnomon劃分的各個區塊內，有多少個珠珠呢？

第二個四角數被劃分成一個和三個；第三個四角數被劃分成一個、三個、五個，第四個四角數同樣依此類推……。

由此可以看出**「四角數都是奇數之和」**。第二個四角數是「第二個奇數3之前的所有奇數總和」；第三個四角數是「第三個奇數5之前的所有奇數總和」；第四個四角數是「第四個奇數7之前的所有奇數總和」。

這麼一來，不管要算哪個奇數之前的所有奇數總和，都可以輕鬆算出。舉例來說，如果要計算49以前的所有奇數總和的話，因為49以前共有25個奇數，故這些奇數的總和為25×25=625。

閃亮！
給我
16個。
好喔！
鏗！
唰唰唰……
好快。
好厲害！
哦哦

### 用 gnomon 測量地球大小的男人

你覺得三角數、四角數有趣嗎？這個話題還可以衍生出五角數、六角數……不過先讓我們進入下一個話題吧。

這裡我們把gnomon當成了「分隔用的工具」。但事實上，gnomon也是一種古代「星體觀測器」的名字。話雖如此，這種星體觀測器也不是什麼複雜的儀器，一樣只是一個L形的木棒。

將gnomon放在地面上，測量它的影子長度，就可以知道太陽的位置。而且還有一個人借用了gnomon的力量，**測出了地球的大小。這個人的名字叫做「厄拉托西尼」**。他生活在距今兩千兩百年以上的地中海世界——以埃及豔后著名的古埃及，還曾當過亞歷山卓圖書館的館長。

如果各位手上有「可以前往任何地方的門」的話，請一定

要來這個城市看看。你一定會嚇一大跳。當時的亞歷山卓已經有植物園、動物園、天文台、實驗室、大講堂、餐廳等等各種驚人的設施。

當然，就算說它是圖書館，也不像現在的圖書館這樣，可以借書出來看。這個時代的書，都寫在由莎草紙製成的「書卷」上。當時的圖書館就是最高級的知識寶庫，而圖書館館長就是「當時知識最淵博的賢者」。

「測量地球大小的男人」——厄拉托西尼在數的分類上也有很大的貢獻。那麼，他究竟是用什麼方法為數分類？又將數分成哪幾類了呢？

# 15 厄拉托西尼篩選法

繼續來談談使用gnomon測量地球大小的人物——厄拉托西尼的故事吧。他被人稱做「萬能的人才」。這裡就讓我們介紹一些他在數學上的貢獻吧。

首先要說明的是這個故事的核心——**「質數」**。

### 因數、倍數以及質數

**如果一個數（除數）可以「整除另一個數（被除數）」，那麼這個除數就是被除數的「因數」**（相對的，被除數是除數的**「倍數」**）。舉例來說

$$21 \div 3 = 7,\quad 21 \div 7 = 3$$

故3和7都是21的因數；同時，21是3和7的倍數。

再舉個例子吧。12可以被

1, 2, 3, 4, 6, 12

等六個自然數整除，除完後沒有餘數。也就是說，12有六個因數。由此看來，所有偶數都有因數2。

另外，不管是哪個數都可以被1整除。而且，由以下算式

$3 \div 3 = 1, \quad 7 \div 7 = 1, \quad 246 \div 246 = 1$

可以看出，任何數都可以整除自己。因此，所有的自然數都擁有「1」和「自己」這兩個因數。

這裡要請各位一起來想想看，**除了1和自己以外，沒有任何因數的數，會是什麼樣的數呢？讓我們先把擁有這種性質的數稱做「質數」吧。**

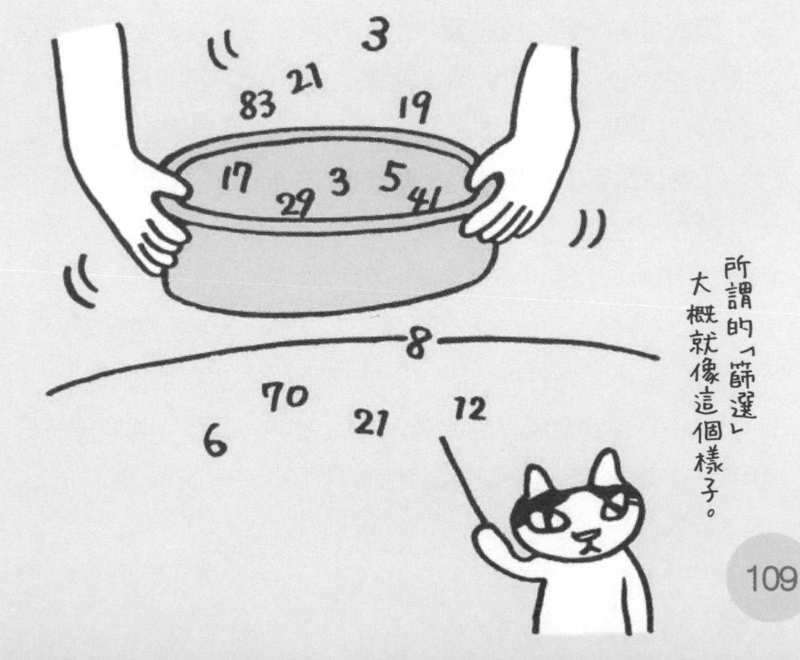

所有偶數都有2這個因數，所以偶數都不是質數。不過2的因數只有1和2自己，所以2是因數。也就是說，除了2之外，所有質數都是奇數。

接著，讓我們按照奇數的順序來逐一確認吧。**首先，我們規定1不是質數**。3除了1和3之外沒有其他因數，所以是質數；5除了1和5之外沒有其他因數，所以是質數；7也是質數。9則有3這個因數，所以不是質數。下一個奇數11是質數。

不過，像這樣一個一個檢查實在很花時間。有沒有什麼方法可以一口氣找出很多質數呢？事實上，確實有一種很久以前就被人發現、現在也還在使用的單純方法，**那就是「厄拉托西尼篩選法」**。

## 厄拉托西尼篩選法

同樣是要計算，用愈簡單的方法計算愈好不是嗎？於是厄拉托西尼想到，「我們會用『篩網』將石頭之類的雜物篩除，只讓較小的沙粒通過。這種方法應該也能用在數學上吧？」。

**「篩選數字」，這就是他想到的方法。**

首先，將數排列成表。這些又叫做「篩網上的數」。讓我們將1到100的數字逐一填上去。

1不是質數，所以在1上面畫上「叉號（×）」把它劃掉。

再來是2，2是質數，所以要留下來。然後將2的倍數：4、6、8、……也就是所謂的偶數劃掉。每隔一個數字就劃掉一個數字，其實是個有些機械化的動作。

用「厄拉托西尼篩選」來找質數的方法。

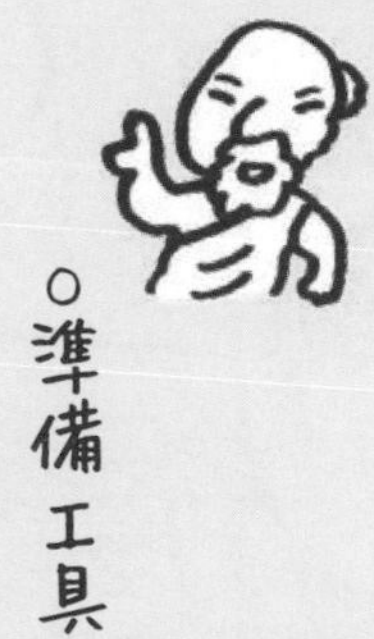

○準備工具

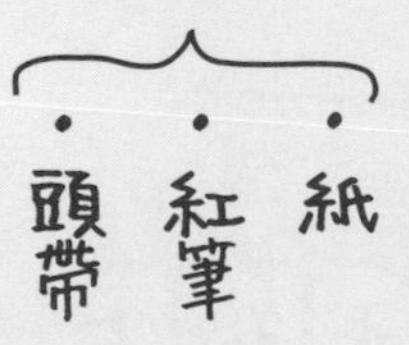

・紙
・紅筆
・頭帶

①在紙上寫出想要篩選的數字。

②然後找出所有能被另一個數整除的數字，用紅筆劃掉。

大家也拿起你的紅筆，
把找到的數劃掉！
尋找、劃掉！就是這樣！！

這樣真的能篩選出質數嗎……？

我也想問。

| 1 | 2 | 3 | 4 | 5 | 6 | 7 | 8 | 9 | 10 |
|---|---|---|---|---|---|---|---|---|---|
| 11 | 12 | 13 | 14 | 15 | 16 | 17 | 18 | 19 | 20 |
| 21 | 22 | 23 | 24 | 25 | 26 | 27 | 28 | 29 | 30 |
| 31 | 32 | 33 | 34 | 35 | 36 | 37 | 38 | 39 | 40 |
| 41 | 42 | 43 | 44 | 45 | 46 | 47 | 48 | [illegible] | 50 |
| 51 | 52 | 53 | 54 | 55 | 56 | 57 | 58 | 59 | 60 |
| 61 | 62 | 63 | 64 | 65 | 66 | 67 | 68 | 69 | 70 |
| 71 | 72 | 73 | 74 | 75 | 76 | 77 | 78 | 79 | 80 |
| 81 | 82 | 83 | 84 | 85 | 86 | 87 | 88 | 89 | 90 |
| 91 | 92 | 93 | 94 | 95 | 96 | 97 | 98 | 99 | 100 |
| 101 | 102 | 103 | 104 | 105 | 106 | 107 | 108 | 109 | 110 |
| 111 | 112 | 113 | 114 | 115 | 116 | 117 | 118 | 119 | 120 |
| 121 | 122 | 123 | 124 | 125 | 126 | 127 | 128 | 129 | 130 |

再來看看3。3是質數，所以從3開始，每隔兩個數字就劃掉一個數字，也就是劃掉3的倍數：6、9、12、……。其中，6、12之類的數因為是2的倍數，所以上面已經有「叉號（×）」了。不過沒關係，還是給它劃下去。執行時不用想太多，正是這個方法的優點。

同樣的，留下5，並將5的倍數：10、15、20、……劃掉；接著留下7，並將7的倍數14、21、28、……劃掉。這樣篩選質數的工作就結束了。

事實上，已經有人證明：如果只是要找出100以內的質數，只要將7以前的數字的倍數全數劃掉就行了，所以剩下來的數全都是質數。而下一個質數11可以整除的數，在表上已經看不到了。

最後我們可以得到，100以內的質數共有以下二十五個。

2, 3, 5, 7, 11, 13, 17, 19, 23, 29, 31, 37, 41,
43, 47, 53, 59, 61, 67, 71, 73, 79, 83, 89, 97.

各位可以試著擴大尋找的範圍，試著「找出更多質數」。範圍愈大，就愈難找到新的質數。不過請放心，不管把範圍拉得多大，都一定能找到新的質數。

那麼，有沒有更簡單的方法可以把質數一個接著一個揪出來呢？可惜的是，質數雖然有無限多個，目前卻沒有方法能夠「迅速而直接地列出所有質數」。所以，即使是計算工具相當發達的現代，「厄拉托西尼篩選法」仍是「現役方法」之一。

# 16 什麼是證明？

前面提到，質數是「除了1和自己之外，沒有其他因數的數」。而且質數有無限多個。但我們無法直接列出所有質數。

**質數有無限多個嗎？**

建立清楚的思路，用每個人都能接受的形式，明確表達「一件事必定正確，或必定錯誤」的這個過程叫做「證明」。

那麼，讓我們來試著證明「質數有無限多個」吧。

首先，前面我們已經用「厄拉托西尼篩選法」將數表中的許多數劃掉，只留下質數了對吧。讓我們把100以下的質數再寫一次吧，並用大括弧「｛ ｝」把它們括起來。

{2, 3, 5, 7, 11, 13, 17, 19, 23, 29, 31, 37, 41,
43, 47, 53, 59, 61, 67, 71, 73, 79, 83, 89, 97}

這可以視為一個「質數盒」。**「質數盒-100」**裡面有25個質數，其中最大的質數是**97**。

試著改變盒子的大小吧。如果把範圍擴大到1000，也就是**「質數盒-1000」**的話，最大的質數就會是**997**。

我們也可以把範圍縮小，從**「質數盒-100」**中挑出「比較小的盒子」。比方說，**「質數盒-15」**內的最大質數為**13**，共含有六個質數，分別為｛2, 3, 5, 7, 11, 13｝。

也就是說，如果限定範圍的話，一定可以找到一個最大的質數，所以質數不會是無限多個。這應該不需多做說明。

接著來看看怎麼由這些質數創造出「新的質數」。請將2到「限定範圍內的最大質數」全部相乘，再將相乘結果加上1。

以**「質數盒-15」**為例。可以得到以下六個數。

$2+1=3,$

$2\times3+1=7,$

$2\times3\times5+1=31,$

$2\times3\times5\times7+1=211,$

$2\times3\times5\times7\times11+1=2311,$

$2\times3\times5\times7\times11\times13+1=30031.$

讓我們一個一個看看比「**質數盒-15**：{2, 3, 5, 7, 11, 13}」還要小的質數盒。

最小的質數盒是「**質數盒-2**：{2}」，盒裡最大的質數自然是2。2加上1之後可以得到新的質數3。這表示，在「**質數盒-2**」以外的世界中，還有更大的質數。

「**質數盒-3**：{2, 3}」也一樣。將盒內兩個質數相乘，再加上1，可以得到更大的質數7。

每個質數盒都可以藉由這個流程，得到更大的質數。31、211、2311等質數皆由此誕生。簡單來說，只要將盒內所有質數組合在一起，就**「可以在盒外得到一個比較大的質數」**。

或許你會想問，有沒有可能「計算出來的結果不是質數」呢？不過回頭看看我們的計算方法時就會發現，即使如此「可以在盒外得到一個比較大的質數」的結論也不會改變。

事實上，第六個數30031可以分解為59×509，故不是質數。但因為30031是從2×3×5×7×11×13+1得出的結果，所以質數｛2, 3, 5, 7, 11, 13｝都沒辦法整除，除以這些數時一定會餘1。

所以說，即使這些質數相乘再加上1後的結果不是質數，也一定可以成功分解出一個比原本質數盒中最大質數（本例中為13）還要大的質數（本例中為59）。

換言之，即使計算後得到的數不是質數，也一定能在質數盒之外，找到比盒內最大質數還要大的質數（本例為59）。

如果你有一個朋友匆匆跑來，志得意滿地說：「我找到最大的質數*P*了！」這個時候，請你平心靜氣地拿出紙筆寫出以下算式。

請從2開始，將質數一個個乘起來，一直乘到這位朋友主張的最大質數$P$（實際上也不需要知道$P$之前到底有哪些質數，中間可以用「⋯」略過）。

$$2\times3\times5\times7\times11\times13\times17\times19\times\cdots\cdots\times P.$$

計算這個乘法後可以得到一個數，而所有質數都會是這個數的因數。如果將這個數加上1，會得到

$$2\times3\times5\times7\times11\times13\times17\times19\times\cdots\cdots\times P+1$$

和剛才一樣，這個數除以$P$以下所有質數時都會餘1。因此，就算這個數不是質數，也一定有個因數是比$P$還要大的質數。

這麼一來，「$P$是最大質數」的論點就被打破了。不管$P$有多大，以上過程都適用，所以「不存在最大的質數」。也就是說，我們證明了「質數要多大就有多大」，即「質數有無限

多個」。

在數學領域中，經過證明的事情，不會因為後人主張「這個不對」而被推翻。當然，數學的框架會愈來愈大，引入新的概念後，可能會得到不一樣的結論。不過在一定範圍內正確的證明，就永遠都是正確的。

這麼一想，「證明」還滿厲害的。

## 質數與蟬之間的神秘關係

質數還出現在一些讓人完全聯想不到數學的地方。舉例來說，有些蟬的名字叫做「十三年蟬」或「十七年蟬」。這些蟬的名字，就代表著牠們待在地底下的年數，經過這些年後才長為成蟲。

有人認為潛伏在地底下的年數之所以會是質數的13年或17年，是為了要避免與天敵發育為成蟲的年份撞期，也有人認為是要避免與其他種蟬雜交。牠們善用了質數的性質，正可說是**「質數蟬」**。要是牠們潛伏在地底的時期很短的話，爬出地面時就有很高的機率會碰上天敵。

不過，如果這些蟬以質數年為週期出現在地面上，就不容易碰上天敵。這可以說是大自然的智慧，讓牠們身懷不被淘汰的技術。如果天敵以三年為發育周期，那麼質數蟬與天敵每隔三十九年（＝3×13）或五十一年（＝3×17）才會相遇。如果是十二年蟬的話，每次爬出地面時，剛好都會碰上天敵的大繁殖年。

1964年

東京奧運

東海道新幹線開始營運!!

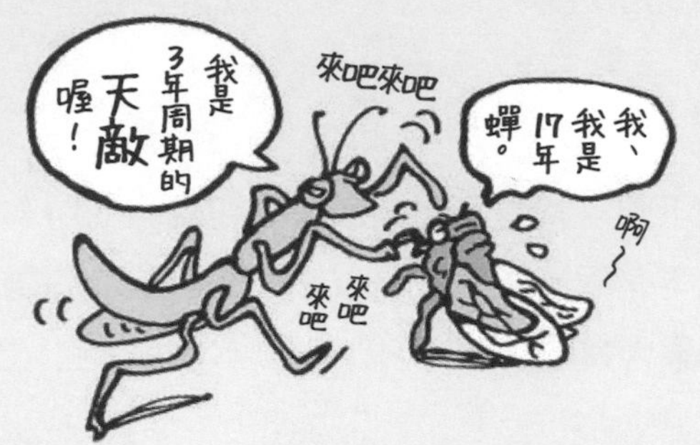


剛好在這時候……

2014年

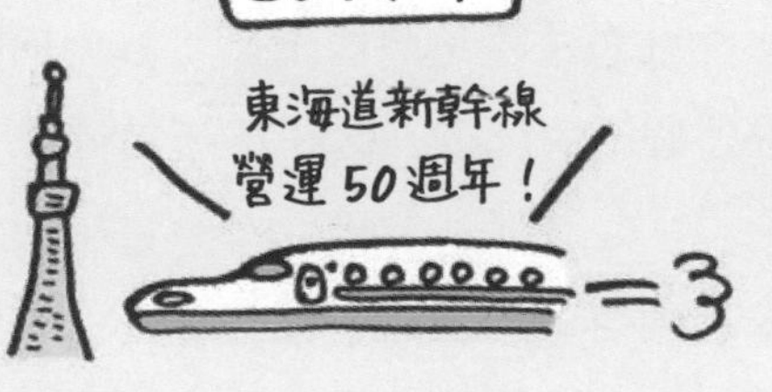


時光流逝……

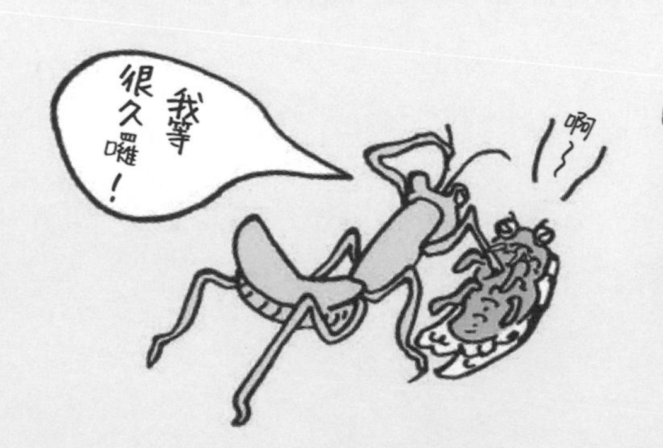


隔年，蟬與天敵睽違51年的再會。

# 17 質數的有趣之處

前面我們談過，不管是自然數、偶數、奇數還是質數，都有無限多個。數學除了這些理論面向的內容之外，也有實際計算具體數值的面向。

數學理論固然重要，但數學有趣的部分常在於求算具體數字。而在質數的研究中，發現「新的質數」有著很重要的意義。

和自然數不同，就算我們知道一定範圍內的所有質數，也無法立刻算出下一個質數。於是數學家們討論的問題就變成了**「目前已知的最大質數」**。以下就來聊聊這些「巨大質數」。

### 梅森質數

當然，我們可以用「厄拉托西尼篩選法」，從給定的數表中篩選出質數。這種方法雖然可以確實「找出實際的質數」，但在質數有無限多個的情況下，這個方法便不適用。

於是就有人想到可以先決定「數的形式」，再判斷這個數是不是質數。現在許多數學家會用法國修道士**「馬蘭・梅森」**提出的形式：

$$M=2^n-1$$

來尋找巨大質數。這種形式的數稱做**「梅森數」**，而當這種形式的數剛好是質數時，則稱做**「梅森質數」**。

馬蘭·梅森的興趣
就是
研究數字。
啊，找到了。

當$n$不是質數時，梅森數$M$也不會是質數。所以問題就變成了：當$n$是質數時，梅森數是否會是質數？若要回答這個問題，就只能一個個分析這些梅森數才行。比方說，

$$M=2^2-1=3 \rightarrow (\text{質數}),$$
$$M=2^3-1=7 \rightarrow (\text{質數}),$$
$$M=2^5-1=31 \rightarrow (\text{質數}),$$
$$M=2^7-1=127 \rightarrow (\text{質數}),$$
$$M=2^{11}-1=2047=23\times 89,$$
$$M=2^{13}-1=8191 \rightarrow (\text{質數})$$

其中第五個就不是質數。

那麼像這種形式的質數，也就是梅森質數，目前已知的有哪些呢？下面從2、3、5、7、13依序列出已知梅森質數的$n$值讓各位參考。

$n$＝2, 3, 5, 7, 13, 17, 19, 31, 61, 89, 107, 127, 521, 607, 1279, 2203, 2281, 3217, 4253, 4423, 9689, 9941, 11213, 19937, 21701, 23209, 44497, 86243, 110503, 132049, 216091, 756839, 859433, 1257787, 1398269, 2976221, 3021377, 6972593, 13466917, 20996011, 24036583, 25964951, 30402457, 32582657, 37156667, 42643801, 43112609, 57885161

最後一個$n$所對應的梅森質數為

$$M = 2^{57885161} - 1$$

這是用電腦經過長時間計算後才發現的質數，也是目前（2014）發現的最大質數。這個數長達「17425170位」。（※譯註：2018年12月已知最大的梅森質數為$2^{82589933}-1$）

要是想把這個數全部寫出來的話，得寫上數千頁才行。這裡就只看這個數的最前面幾位和最後面幾位吧。

$$2^{57885161} - 1 = 581887266232246442175 1 \cdots\cdots 724285951.$$

或許有人會想問「這麼大的質數可以運用在哪裡呢？」。這點稍後會再說明，這裡就先給一個提示：與**「密碼」**有關。

原本人們並不是為了有用才研究質數。然而，質數卻在許多地方支撐著整個社會的基礎，且人們常在無意間使用它們。就連各位所使用的銀行金融卡，其密碼技術也會用到質數。

## 孿生質數

我們對巨大質數很有興趣，不過將質數一字排開如下

$$2,\ \underline{3,\ 5,\ 7},\ \underline{11,\ 13},\ \underline{17,\ 19},\ 23,\ \underline{29,\ 31},\ 37,\ \underline{41,\ 43},$$
$$47,\ 53,\ \underline{59,\ 61},\ 67,\ \underline{71,\ 73},\ 79,\ 83,\ 89,\ 97$$

可以發現畫上底線的質數，與相鄰的質數只差2。

隨著數值的增加，相鄰質數的間隔也會愈來愈大，愈分愈開，愈來愈難碰上相鄰奇數皆為質數的情況。這種相鄰奇數皆為質數的情況稱做**「孿生質數」**，是許多學者的研究主題。

事實上，雖然我們可以確定質數有無限多個，但卻沒有人能確定孿生質數是否有無限多個。

目前已知最大的孿生質數組合是位數為200700位的

$$\begin{cases} 3756801695685 \times 2^{666669} - 1, \\ 3756801695685 \times 2^{666669} + 1 \end{cases}$$

在每個人都會使用電腦的現代，實際算出巨大質數的工作不再專屬於數學家們，而是成為了數學狂熱者的遊戲。或許各位在幾年後也可以試著參加看看這個相當有趣的遊戲。（※譯註：2016年9月已知最大的孿生質數為$2996863034895 \times 2^{1290000} \pm 1$）

質數是研究數的基礎。為什麼呢？因為所有自然數都可以寫成質數的乘積。下一章就讓我們來看看質數的秘密。

ATM

原來密碼會用到質數啊。

# 18 數的原子——質數

繼續來談談質數。為什麼質數那麼重要呢？可能有些人會認為，質數只是一群沒有因數的奇數而已，但實際上卻沒那麼簡單。

對理科有興趣的人們，應該都聽過**「原子」**和**「分子」**吧。這個世界上的所有物質都是由原子組成，分子也是由原子組成。我們可以藉由原子與分子的特徵，了解各種物質的性質。

某些看似完全不同的物質，在原子或分子的層級卻能找到許多共通點。事實上，自然數中的質數，就相當於物質中的原子及分子。以下就讓我們來看看質數在數學的世界中扮演著什麼樣的角色吧。

## 質因數分解

**所有自然數都可以表示成質數的相乘。**將某個自然數分解成質數的乘積後，這些質數就稱做該自然數的**「質因數」**。因此，這樣的分解也叫做**「質因數分解」**。而可以分解成多個質數之乘積的數，則稱做**「合數」**。

這些名詞到底是什麼意思呢？讓我們將1到100的自然數，重新寫成這個範圍內的質數乘積吧。不過1並不適用，所以正確來說應該是2到100。

首先，讓我們再寫一遍100以內的質數。

質數就是數的原子……。
說到原子，就會讓人想到小孩子玩的積木。
兒童積木
100個
放在這個箱子裡面。
所以這就是「兒童積木」的原子嗎？
嗯，可以算是吧。

2, 3, 5, 7, 11, 13, 17, 19, 23, 29, 31, 37, 41,
43, 47, 53, 59, 61, 67, 71, 73, 79, 83, 89, 97.

以上二十五個質數，可以說是自然數的種子。

那麼就開始吧。2，3都是質數，無法再被分解，所以直接寫數字。將4「分解」後則可得到

$$4=2\times2=2^2,\quad（使用質數2）$$

故4可以表示為兩個質數2相乘。5為質數。6可「分解」為

$$6=2\times3,\quad（使用質數2, 3）$$

7為質數。接著8可「分解」為

$$8=2\times2\times2=2^3,\quad（使用質數2）$$

9可「分解」為

$$9=3\times3=3^2,\quad（使用質數3）$$

而10則可「分解」為

$$10=2\times5,\quad（使用質數2, 5）$$

依此類推，將每個數陸續改寫為質數乘積。

照這種方法算下去，將100以內的自然數改寫為質數乘積後，便可得到次頁的表。這裡請各位自行確認一下：分解時真的只有用到一開始列出來的質數嗎？將分解後的質數重新相乘，真的可以得到原本的數嗎？

以上就是**將合數分解為質數乘積的質因數分解**；而**合數分解到最後的因數為質數，故稱做質因數**。

將2到100的
自然數改寫成質數後……

| | 2 | 3 | $2\times2$ | 5 | $2\times3$ | 7 | $2^3$ | $3^2$ | $2\times5$ |
|---|---|---|---|---|---|---|---|---|---|
| 11 | $2^2\times3$ | 13 | $2\times7$ | $3\times5$ | $2^4$ | 17 | $2\times3^2$ | 19 | $2^2\times5$ |
| $3\times7$ | $2\times11$ | 23 | $2^3\times3$ | $5^2$ | $2\times13$ | $3^3$ | $2^2\times7$ | 29 | $2\times3\times5$ |
| 31 | $2^5$ | $3\times11$ | $2\times17$ | $5\times7$ | $2^2\times3^2$ | 37 | $2\times19$ | $3\times13$ | $2^3\times5$ |
| 41 | $2\times3\times7$ | 43 | $2^2\times11$ | $3^2\times5$ | $2\times23$ | 47 | $2^4\times3$ | $7^2$ | $2\times5^2$ |
| $3\times17$ | $2^2\times13$ | 53 | $2\times3^3$ | $5\times11$ | $2^3\times7$ | $3\times19$ | $2\times29$ | 59 | $2^2\times3\times5$ |
| 61 | $2\times31$ | $3^2\times7$ | $2^6$ | $5\times13$ | $2\times3\times11$ | 67 | $2^2\times17$ | $3\times23$ | $2\times5\times7$ |
| 71 | $2^3\times3^2$ | 73 | $2\times37$ | $3\times5^2$ | $2^2\times19$ | $7\times11$ | $2\times3\times13$ | 79 | $2^4\times5$ |
| $3^4$ | $2\times41$ | 83 | $3\times2^2\times7$ | $5\times17$ | $2\times43$ | $3\times29$ | $2^3\times11$ | 89 | $2\times3^2\times5$ |
| $7\times13$ | $2^2\times23$ | $3\times31$ | $2\times47$ | $5\times19$ | $2^5\times3$ | 97 | $2\times7^2$ | $3^2\times11$ | $2^2\times5^2$ |

**質數的分類**

之前我們曾提過，自然數可以分成奇數與偶數，這裡則用另一種方式——以是否為質數來分類自然數。由質因數分解的結果可以知道，所有自然數皆可分為三類。

$$\textbf{自然數} = \begin{cases} \textbf{1}, \\ \textbf{質數}：(2, 3, 5, 7, \ldots), \\ \textbf{合數}：(4, 6, 8, 9, \ldots). \end{cases}$$

因為所有合數都可以寫成質數的乘積，故若想研究1以外的自然數性質，只要「研究質數的性質就可以了」。

質數的另一個名字叫做「素數」，而合數可以分解為素數的乘積。之所以叫做素數，就是因為它們是「數的元素」，就像是「自然數的原子」一樣。

因此，質數的研究相當重要。目前全世界的學者們仍日以繼夜地研究質數的性質。

質數的概念並不難理解，是各位相當熟悉的數，卻也是讓「世界最強的數學家們」相當頭痛的困難數字。**如果你也被這個既熟悉又深奧的質數吸引，歡迎一起加入數學家的行列。在這裡，你可以體驗到追求知識的興奮感，這是任何遊戲中都找不到的。**

〈職人探訪〉其①
壽司
數寄屋橋
質數
歡迎光臨！

壽司卷・2
蝦・3
鯛・5
鮪魚肚・7
鯵・11
鮭魚卵・13
先來份25200吧。
了解！是$2^4 \times 3^2 \times 5^2 \times 7$吧！
好快！

久等了！壽司卷4、蝦2、鯛2、鮪魚肚1！
$2^4 \times 3^2 \times 5^2 \times 7$
好強！

# 19 尋找可以整除的數

前面學到，所有自然數都可以寫成質數的乘積，這又叫做質因數分解。我們也以1到100的自然數為例，說明如何進行質因數分解。不過，當想要分解更大的數時，又該怎麼做才好呢？

本章中將說明，面對一個具體的數時，要具備「哪些思考方式」，才能順利質因數分解這個數。

**先讓眼睛習慣**

經驗很重要。在思考困難的問題之前，若能多觀察數字的排列，便可自然而然地記下各種規律。要想抓到質因數分解的感覺，第一步就是仔細觀察每個數的倍數，如下表。表的前面部分就是你我熟知的「九九乘法表」。

| × | 1 | 2 | 3 | 4 | 5 | 6 | 7 | 8 | 9 | 10 | 11 | 12 | 13 | 14 | 15 | … |
|---|---|---|---|---|---|---|---|---|---|---|---|---|---|---|---|---|
| 1 | 1 | 2 | 3 | 4 | 5 | 6 | 7 | 8 | 9 | 10 | 11 | 12 | 13 | 14 | 15 | … |
| 2 | 2 | 4 | 6 | 8 | 10 | 12 | 14 | 16 | 18 | 20 | 22 | 24 | 26 | 28 | 30 | … |
| 3 | 3 | 6 | 9 | 12 | 15 | 18 | 21 | 24 | 27 | 30 | 33 | 36 | 39 | 42 | 45 | … |
| 4 | 4 | 8 | 12 | 16 | 20 | 24 | 28 | 32 | 36 | 40 | 44 | 48 | 52 | 56 | 60 | … |
| 5 | 5 | 10 | 15 | 20 | 25 | 30 | 35 | 40 | 45 | 50 | 55 | 60 | 65 | 70 | 75 | … |
| 6 | 6 | 12 | 18 | 24 | 30 | 36 | 42 | 48 | 54 | 60 | 66 | 72 | 78 | 84 | 90 | … |
| 7 | 7 | 14 | 21 | 28 | 35 | 42 | 49 | 56 | 63 | 70 | 77 | 84 | 91 | 98 | 105 | … |
| 8 | 8 | 16 | 24 | 32 | 40 | 48 | 56 | 64 | 72 | 80 | 88 | 96 | 104 | 112 | 120 | … |
| 9 | 9 | 18 | 27 | 36 | 45 | 54 | 63 | 72 | 81 | 90 | 99 | 108 | 117 | 126 | 135 | … |
| ⋮ | ⋮ | ⋮ | ⋮ | ⋮ | ⋮ | ⋮ | ⋮ | ⋮ | ⋮ | ⋮ | ⋮ | ⋮ | ⋮ | ⋮ | ⋮ | |

再說一遍，重點並不在於把整個表背下來。只要試著觀察數字排列的特徵、熟悉它們的規律就可以了。如果你能試著自行將這張表往右或往下延伸，那就更棒了。

## 尋找規則

在你觀察這張表時，會在不知不覺中發現一些「數字排列的規則」。

首先是2的倍數，也就是「偶數」的排列。不管是多大的數，只要末位數字（最右邊的數字）是「2，4，6，8，0」的話，這個數就是「2的倍數」。換言之，**「2一定是這個數的質因數」**。

下面是一些例子。

$$102=2\times51,\qquad 1594=2\times797,$$
$$10226=2\times5113,\qquad 15098=2\times7549.$$

5的倍數也很簡單，末位一定是0或5。

有趣的是3的倍數。讓我們觀察一下3的倍數有哪些。

3, 6, 9, 12, 15, 18, 21, 24, 27, 30, 33, 36, 39, 42, 45.

我是末位喔。

線索在末位。

末位是

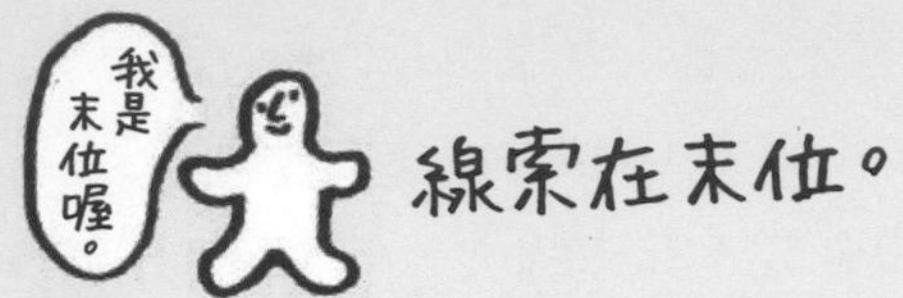


的話，

2的倍數

末位是

的話，

5的倍數

舉例來說⋯

63902　304955

2的倍數　5的倍數

如果一個數是3的倍數，那麼將這個數的每一位數字加起來的總和，也會是3的倍數。如下。

$$33 \rightarrow 3+3=6,$$
$$36 \rightarrow 3+6=9,$$
$$39 \rightarrow 3+9=12,$$
$$42 \rightarrow 4+2=6,$$
$$45 \rightarrow 4+5=9.$$

以29919為例

$$29919 \rightarrow 2+9+9+1+9=30$$

所以29919是3的倍數，也可以分解為3×9973。

而且，這個規則也適用於很大的數。

$$6114224229 \rightarrow 6+1+1+4+2+2+4+2+2+9=33,$$
$$6114224229=3\times2038074743.$$

9的倍數也擁有與3的倍數類似的性質。

9, 18, 27, 36, 45, 54, 63, 72, 81, 90, 99, 108, 117, 126, 135.

將每一位數字加總後的結果，也會是9的倍數。

$$117 \rightarrow 1+1+7=9,$$
$$126 \rightarrow 1+2+6=9,$$
$$135 \rightarrow 1+3+5=9.$$

當然，因為9的倍數一定會是3的倍數，所以不需要用「3的倍數的檢驗方式」再檢驗一次。

最後讓我們來看看一個綜合性的例子吧。

試著將26190分解為質因數乘積。這個數明顯是10的倍數，故可得到$26190=10\times2619$。

既然是10的倍數，那就一定也是2和5的倍數。故可得到

$$26190=2\times5\times2619$$

再來要處理2619，因為

$$2619\rightarrow2+6+1+9=18$$

而18是9的倍數，故可改寫成$2619=9\times291$。

接著來看291

$$291\rightarrow2+9+1=12,\quad 291=3\times97$$

故可得知291是3的倍數。整理後可得

$$26190=2\times5\times9\times3\times97$$

而因為$9=3\times3=3^2$，故和3合併後，再將質因數從小排到大，逐一列出。

$$26190=2\times3^3\times5\times97$$

這就是質因數分解的正式寫法。

經過上面的說明，我們了解到當題目給定一個很大的數時，該如何找出可以整除這個數的數，以及如何質因數分解這個數。試著自己選一個數來分解看看吧，很有趣喔。

偵訊室
你是3的倍數吧？
咦
37035

3+7+0+3+5=18
證據就在這裡！
啊~~~
37035

你似乎也是9的倍數喔。
……是的。
37035
18は2×3²
=2×9

# 20 「單行道」的計算

前一章中我們學到，為了熟練較大數字的質因數分解，平常要多看看倍數的表，觀察數字的規則。也了解到，只要將給定數字的每個位數加總起來，就能判斷是不是3和9的倍數。

不過這種方法很快就會碰上極限。只要數字稍微大一些，製作倍數表就會變得很困難，而且「將每個位數加總起來」之類的方法，也無法幫我們判斷一個數是否有某個質因數。

因此，給定的數愈大，質因數分解就會變得愈困難。

**不同於馬路的「單行道」**

以下面這個簡單的質因數分解為例來思考看看。

$$\overrightarrow{\underleftarrow{6=2\times3}}$$

這個式子告訴我們「自然數6可以質因數分解為2與3的乘積」，反過來說「2與3相乘後可以得到6」。對各位來說，這個等式中，**不管是往右還是往左，都很好理解**。完全感覺不到任何困難。

那麼，前一章的質因數分解例子又如何呢？

$$26190=2\times3^3\times5\times97$$

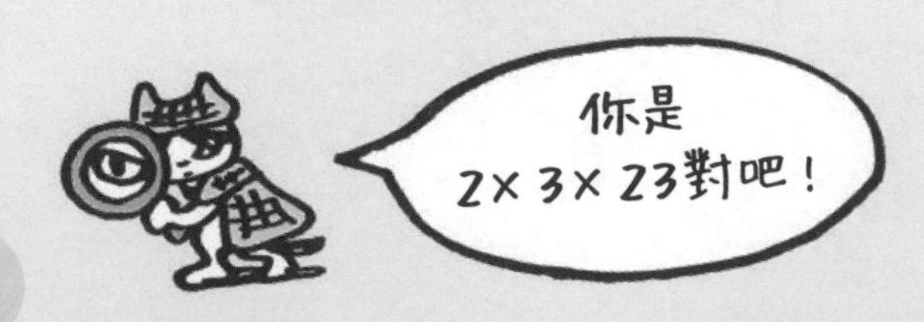

貓偵探的旅行……
你是 $2^5 \times 29$…
你是 $2 \times 3^3 \times 13$
702
484
你是 $2^2 \times 11^2$
你是 $2 \times 3 \times 19$
114

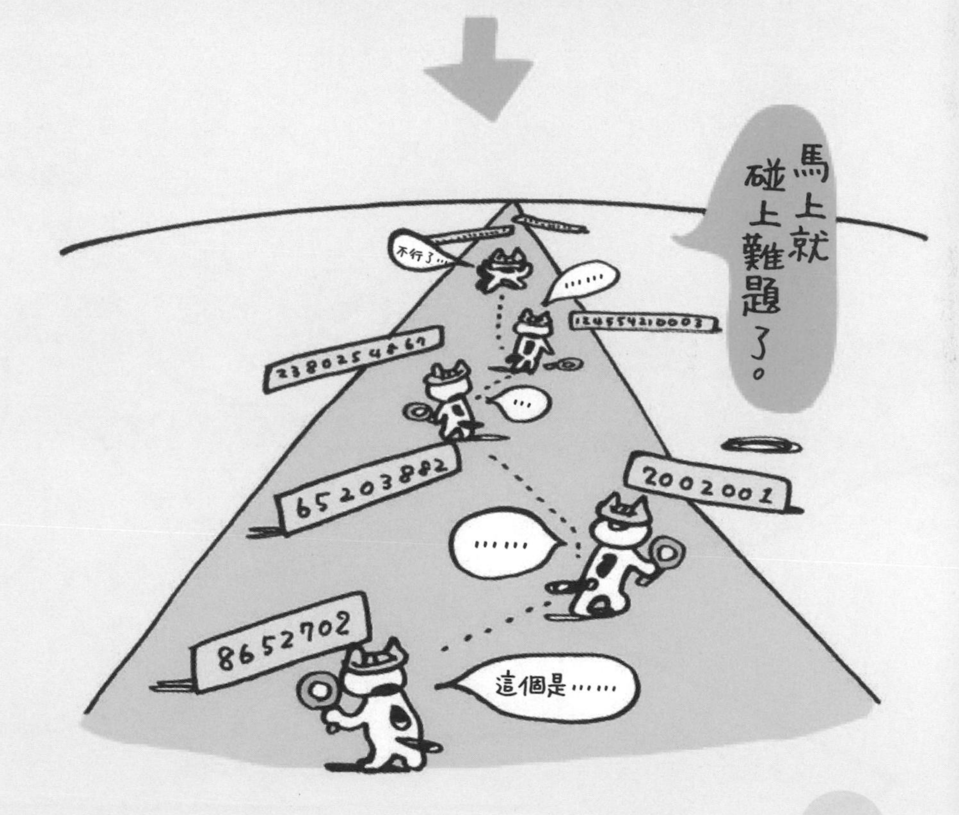
馬上就碰上難題了。
不行了……
……
……
……
2380254867
65203882
2002001
……
8652702
這個是……

將所有質因數乘起來得到26190，這每個人都會，就和前面的例子一樣。但要找出所有質因數的話，需要加總每一位數，才能分析它是哪些數的倍數。

由右往左的計算相當簡單，但反方向的計算就困難多了。用道路來比喻的話，這就像是「由右往左時，連腳踏車都可以輕鬆騎過的柏油路；但反方向走同一條路時，卻是碎石遍地、腳踏車完全無法前進，只能一步一步慢慢走的道路」。

用一個很大很大的數做為例子吧。

7000000013390000000171

這個有22位的數字，可以分解成

10000000019×700000000009

這兩個數的乘積。不過在各位之中，應該沒多少人可以馬上分解出這個數的質因數吧。

相反的，只要有紙和鉛筆，任何人都能在很短的時間內算出兩數相乘的答案。

看到這裡，想必你應該也能明白到，質因數分解的「道路」不僅僅是難以通行，而是幾乎「無法通行」。當然，從左到右和從右到左都是數的計算，硬要算也是算得出來。不過當數字稍微大一些時，這條路就會變得像「單行道」一樣。因為質因數分解的難度變得相當高。

**數的計算與密碼**

質因數分解的難度高到用電腦也沒辦法輕易解決。

如果用最原始的方法來做質因數分解，將質數由小到大逐一測試能否整除的話，就算用一秒能做幾千億次運算的電腦也很難馬上計算出結果。世界上有許多數學家們都在研究怎麼用那些極為複雜的理論，寫出一套可以迅速完成質因數分解的程式，但質因數分解至今仍是相當困難的問題。

於是，就有人想要**利用這種「計算上的單行道」來製作「密碼」**。他們會用先前例子無法相比、極為巨大的數製成密文來加密密碼，而解讀密碼的關鍵則在於這個數的質因數中。

這種機制下，即使這個極為巨大的數被外人知道，只要外人沒辦法將這個數質因數分解，就不可能得知密碼內容。因此，以質因數分解來加密的密文本身會是一個巨大的數，但完全沒有必要隱藏密文。

實際上，「信用卡」就有使用到這種性質的密碼。另外，網路上的金錢——**「電子貨幣」**在確認使用者是否為本人時所利用的密碼，也會用到質因數分解。可見質因數分解在密碼界的活躍。

**現代可以說是「電子密碼」的時代，而電子密碼的主角，就是每個人再也熟悉不過的「質因數分解」。**數學在這方面展現出了很大的威力。

很多地方
都會用到
密碼耶。
PARKING P
cafe
flowers
BANK
ATM

# 21 驚嘆號「！」的數

前面我們談過了數學中最有趣的數之一「質數」。事實上，還有許多和質數有關的有趣主題，但若要再繼續談下去的話，需要學習更多數學符號和新的數學表達方式才行。

我們在前面也曾提過，如果同一個數連乘好幾次，可以寫成次方的形式。譬如說連乘三次2時，可以寫成

$$2\times2\times2=2^3$$

讀做「2的三次方」。

而接著要介紹的是另一種連乘方式，也叫做**「階乘」**。後面的內容中會出現很多很大的數字，請別把目光移開喔。

**什麼是階乘？**

假設我們將小於等於某個數的所有自然數全都乘在一起，如下所示。

$$
\begin{aligned}
&1=\mathbf{1!} &&=1,\\
&1\times2=\mathbf{2!} &&=2,\\
&1\times2\times3=\mathbf{3!} &&=6,\\
&1\times2\times3\times4=\mathbf{4!} &&=24,\\
&1\times2\times3\times4\times5=\mathbf{5!} &&=120,\\
&1\times2\times3\times4\times5\times6=\mathbf{6!} &&=720,\\
&1\times2\times3\times4\times5\times6\times7=\mathbf{7!} &&=5040,\\
&1\times2\times3\times4\times5\times6\times7\times8=\mathbf{8!} &&=40320,\\
&1\times2\times3\times4\times5\times6\times7\times8\times9=\mathbf{9!} &&=362880,\\
&1\times2\times3\times4\times5\times6\times7\times8\times9\times10=\mathbf{10!} &&=3628800
\end{aligned}
$$

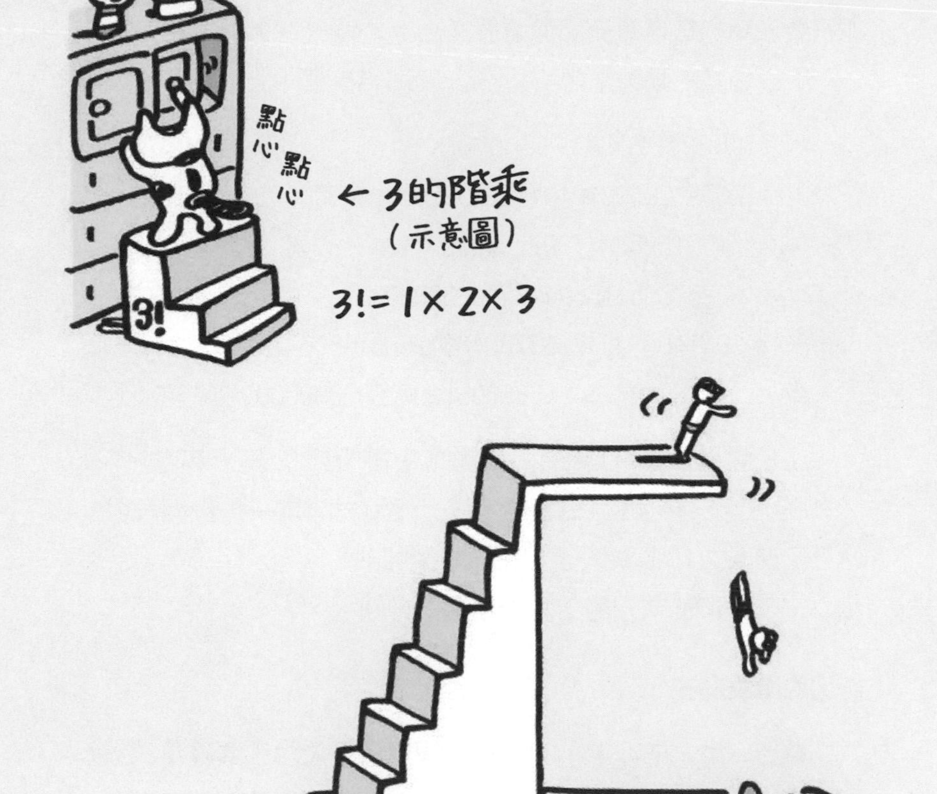


$$10! = 1 \times 2 \times 3 \times 4 \times 5 \times 6 \times 7 \times 8 \times 9 \times 10$$

等號右邊分別讀做「1的階乘」、「2的階乘」、「3的階乘」……。這裡的符號「!」與「驚嘆號」的樣子相同。用階乘符號表示的數也會突然變得很大，讓人嚇一大跳。

舉幾個數的階乘來說

20!＝2432902008176640000,　　　　　　（19位）
30!＝265252859812191058636308480000000,　（33位）
40!＝815915283247897734345611
　　　269596115894272000000000,　　　　（48位）
50!＝30414093201713378043612608166064
　　　768844377641568960512000000000000.（65位）

比較看看「30的階乘（33位）」和「10的三十次方」。「10的三十次方」是1的後面有三十個0，階乘在這個階段就已經比連乘的10還要大了。在這之後的40!（48位）、50!（65位）……和10的次方的差距更是愈拉愈開。

**身邊的階乘例子**

看到非常大或非常小的數時，總是會有人說「這種事和我沒關係」，放在一邊不管。但實際上，在我們的周遭就有不少階乘的例子。

回想一下奧運開幕典禮之類的場合，運動員們會排成一列隊伍入場。站在隊伍最前方的感覺很舒服，不過站在最後方看著整個隊伍前進也很有意思。

!
50!
50!=1×2×3×4×5×6×7×8×9×10×11×12×13×14×15×16×17×18×19×20×21×22×23×24×25×26×27×28×29×30×31×32×33×34×35×36×37×38×39×40×41×42×43×44×45×46×47×48×49×50

站在每個位置各有不同的樂趣，讓人想要都體驗看看對吧。那麼，就讓我們來算算看隊伍一共有多少種排列方式吧。

如果隊伍人很多的話，計算起來並不容易。所以一開始就讓我們先想想看三個人的小隊伍要怎麼算吧。假設隊伍中的選手有「太郎」、「次郎」、「花子」等三人。

排第一個的選手選誰都可以，有三種可能。假設「太郎」排第一，那麼就剩下「次郎」和「花子」還沒排，所以排第二的選手有兩種可能。假設「次郎」排第二，那麼排最後的人就一定是「花子」。

就算排第一的是「次郎」或「花子」，也可以照著上面的方法來計算。故可能的隊伍排列方式共有6種，計算如下。

$$3\times2\times1=6$$

讓我們把這6種隊伍都寫出來吧。

「太郎，次郎，花子」，「太郎，花子，次郎」，
「次郎，太郎，花子」，「次郎，花子，太郎」，
「花子，太郎，次郎」，「花子，次郎，太郎」。

六種隊伍排列方式一目瞭然。

計算隊伍排列方式有幾種可能時，算式為$3\times2\times1=6$。用代表階乘的符號寫成$3!=6$會更簡潔有力。

因此，階乘的意義即是用來表示**彼此不同的物體排成一列時，不同排列方式的總數**。

太郎 次郎 花子

三人排成一列時，
有幾種排法？

| 第一位 | 第二位 | 第三位 |
| --- | --- | --- |
| 太郎 | 次郎 | 花子 |
| | 花子 | 次郎 |
| 次郎 | 太郎 | 花子 |
| | 花子 | 太郎 |
| 花子 | 太郎 | 次郎 |
| | 次郎 | 太郎 |

$3 \times 2 \times 1 =$ 6種

再以籃球選手為例。和之前的計算方式類似，將五位籃球選手排成一列時，排第一的人可能是五名球員中的任何一個，故有五種可能；排第二的人可能是剩下球員中的任何一個，故有四種可能；排第三的人……依此類推，最後計算可得5!＝120，故一共有120種不同的排列方式。

知道怎麼計算後，這類題目就變得很簡單了對吧。如果是九名棒球選手排成一列，有9!＝362880種排列方式；如果是十一名足球選手排成一列，有11!＝39916800種排列方式；如果是十五名橄欖球選手排成一列，有15!＝1307674368000種排列方式；如果是四十人的班級，那麼全班人排成一列時的排列方式就有40!種，剛才也有提到，這是一個有四十八位數的巨大數值。

由以上計算可以看出，當我們想讓「朋友們排成一列」時，可能的排列方式有非常多種。**階乘看起來只是將自然數從1連乘到某個數**而已，不過在看過實際例子後，應該也可以感覺得到階乘和我們離得很近吧。

不過和五個以上的朋友們聚在一起時，倒不需要堅持誰該排哪裡。如果每種排列方式都想確認的話，太陽都下山了。

# 22 選出代表

前面我們學到了「階乘」這種新的計算方式。若要計算東西排成一列時「有多少種排列方式」，就會用到階乘。

數學會用數字、符號來表示具體的例子。因此這些符號會應用於各種的領域中，但在學習這些符號的使用方式時，還是得先用實際的例子思考，才能逐漸熟悉這些符號的使用。**突然跳進「符號之海」的話可是會溺斃的。**

當你碰上新的數學概念時，首先要做的是自己思考看看有沒有具體的例子，這才是理解新概念的唯一途徑。這裡就讓我們來談談會用到階乘計算的實際例子吧。

## 決定代表選手

「選手」一詞在英文中寫做「player」對吧。不過「player」的意思其實是「play某東西的人」，也就是「進行某種競技的人」。

而「選手」則如名所示，是指「被選出來的人」。也就是在某個競技中脫穎而出，進而被選拔出來，代表一群人去比賽的人，有種傲視群雄的感覺。所以不是每個人都能成為「選手」。棒球比別人厲害的人才會被選為棒球選手，足球比別人厲害的人才會被選為足球選手。

當然，有時候班級的運動會選手是用抽籤決定的，這時選出來的人或許可以說是「籤運」特別好的「選手」吧。

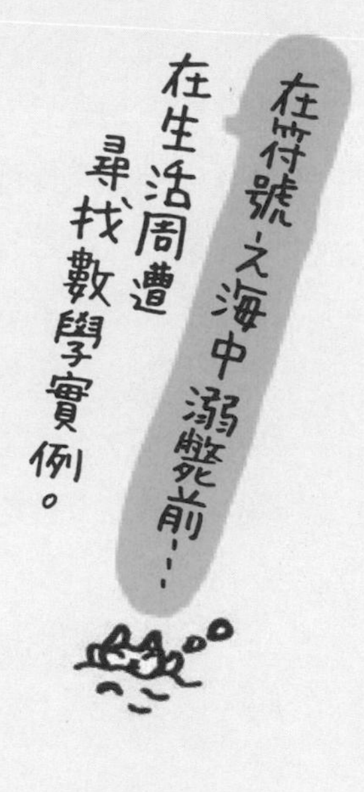

貓咪在機智問答節目中
抽中了溫泉旅行。

貓咪一家
歡聲雷動

但是，
仔細一看……

貓咪一家
該怎麼辦呢？

那麼來想想看從一群人中選出「代表選手」的方法吧。

從比較小的數開始，是舉例的基本。如果我們想從有五人的籃球隊中選出「三對三籃球」的選手的話，會有幾種選法呢？請先想想看，假設我們要從五人中選出三人，並將這三人排成一列，有幾種可能的排列方式？

第一人可以從五人中自由選出一人，所以有五種可能。第二人要在剩下的四人中選出一人，有四種可能。接著在剩下的三人中選出一人做為第三人，代表選手的選拔就完成了。因此可由$5\times4\times3=60$的計算中得知，從五人中選出三人排成一列時，共有六十種排列方式。

各位可能也發現這種計算方法和階乘很像。以這個例子來說，只要再乘上2和1，就是5!了。若將5!分成兩個部分如下

$$5!=5\times4\times3\times2\times1=(5\times4\times3)\times(2\times1)$$

最後的$2\times1$可以寫成2!，即$5!=5\times4\times3\times(2!)$，因此這個問題的答案可改寫成

$$5\times4\times3=5!\div2!(=120\div2=60)$$

這個問題中的關鍵數字為「5」和「3」，不過上方算式中，只有出現5和2。由計算的推導過程可以理解到$2=5-3$，原算式可寫成$5!\div(5-3)!$。知道怎麼寫出算式後，就可以將這個概念應用在其他問題上了。

知道這個方法後，只要再使用「階乘計算表」，就算計算

時要用到大量乘法，也可以馬上算出結果。

## 組合數

不過，還有一點很讓人在意。

假設五名選手的名字為「a，b，c，d，e」，當我們從中選出三名時，不管選到的是「a，b，c」，還是

「a，c，b」 「b，c，a」 「b，a，c」 「c，a，b」 「c，b，a」

選到的都是「a選手」、「b選手」、「c選手」三個人，這樣就都是同一種隊伍不是嗎？

也就是說，雖然我們剛才算出了「六十種排列」這個答案，但在實際「組隊」時，卻會發現隊伍重複了。所以在組隊時，應該要將「排成一列」的限制拿掉，不再關注隊伍內的順序，只關注隊伍內的成員有哪些。這樣得到的隊伍種類數就叫做**「組合數」**。

那麼在六十種排列中，如果不管順序的話，會有多少種組合是重複的呢？很簡單，只要看任三名選手──譬如「a，b，c」會有多少種排列方式就可以了。

如同我們前面所介紹的，三名選手會有3!＝6，共六種排列方式，所以所求之組合數為：五名選手中選擇三名選手時的排列方式總數，再除以3!。即

$$[5!\div(5-3)!]\div3!(=60\div6=10)$$

來看看貓咪一家的
「溫泉雙人行」有哪幾種配對吧。

| 第一人 | 第二人 | 排列方式 |
|---|---|---|
| 我 | | ① 我和爸爸 |
| | | ② 我和媽媽 |
| | | ③ 我和妹妹 |
| | | ④ 我和爺爺 |
| 爸爸 | | ⑤ 爸爸和我 |
| | | ⑥ 爸爸和媽媽 |
| | | ⑦ 爸爸和妹妹 |
| | | ⑧ 爸爸和爺爺 |
| 媽媽 | | ⑨ 媽媽和我 |
| | | ⑩ 媽媽和爸爸 |
| | | ⑪ 媽媽和妹妹 |
| | | ⑫ 媽媽和爺爺 |
| 妹妹 | | ⑬ 妹妹和我 |
| | | ⑭ 妹妹和爸爸 |
| | | ⑮ 妹妹和媽媽 |
| | | ⑯ 妹妹和爺爺 |
| 爺爺 | | ⑰ 爺爺和我 |
| | | ⑱ 爺爺和爸爸 |
| | | ⑲ 爺爺和媽媽 |
| | | ⑳ 爺爺和妹妹 |

排列方式有那麼多種啊。

不過，仔細一看……

同樣的……

②和⑨，③和⑬，④和⑰，⑥和⑩，

⑦和⑭，⑧和⑱，⑪和⑮，⑫和⑲，

⑯和⑳ 這些組合的成員也相同。

所以，從五人中選出兩人的**組合數**為

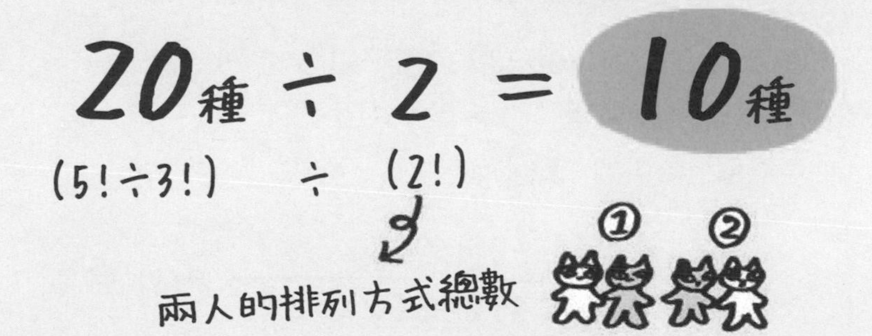

一共可以組出十種不同的隊伍。換言之，從五人中選出三人，且不管其順序的話，「組合數」就是10。

十種組合可具體列舉如下。

「a，b，c」　「a，b，d」　「a，b，e」　「a，c，d」　「a，c，e」
「a，d，e」　「b，c，d」　「b，c，e」　「b，d，e」　「c，d，e」

知道這些以後，就可以將這個概念應用在其他情況上。

如果要從橄欖球隊員中，選出足球隊員的話，由以下計算

$$[15! \div (15-11)!] \div 11!$$

可以知道，共可組成1365種不同隊伍。

如果要從橄欖球隊員中，選出棒球隊員的話，由以下計算

$$[15! \div (15-9)!] \div 9! = 5005 \text{（種）}$$

可以知道，共可組成5005種不同隊伍。如果要將四十人的班級分成兩組各二十人的話，由以下計算

$$[40! \div (40-20)!] \div 20! = 137846528820 \text{（種）}$$

可以知道，共有137846528820種分組方式。順帶一提，在班上選舉時，就算是「二十票對二十票」，也只是「近一千四百億種組合中的一種」而已。

這次的式子是

$5! \div (5-4)! \div 4!$ ＝ 5 種。

所以是

所以，問題就變成「誰不能去」了。

# 23 作一首「伊呂波歌※」

了解到階乘的意義之後，你會不會想試著算算看周圍各種事物分別有多少種排列組合呢？這裡就讓我們來算算看，日語的五十音可以排列組合出多少個語詞吧。

下表為日文的**「五十音圖」**，包含「ん」在內，一共有五十一個。不過，「い」、「う」、「え」出現了兩次，所以實際上有四十八個不同的假名。

| んわらやまはなたさかあ |
|---|
| ゐりいみひにちしきい |
| うるゆむふぬつすくう |
| ゑれえめへねてせけえ |
| をろよもほのとそこお |

應該有些人會想問上表中的「ゐ」和「ゑ」怎麼唸吧。其實這兩個假名相當於現在的「い」和「え」，發音卻和「い」和「え」稍有不同，也是閱讀日本古文時一定會看到的字。

這也代表，百年前的日本文學和千年前的日本文學用的是同一套假名。但現在的我們光是看百年前夏目漱石寫的文章，都有可能會看不懂在寫什麼，實在是讓人遺憾。

**日語語詞的數量有多少呢？**

接著來實際算算看，這些假名可以構成多少種讀音不同的日語語詞吧。為了簡化問題，這裡僅用五十音圖來思考。

※編按：伊呂波歌是日本人用來學習假名的歌詞。

首先是一個音節的情況。因為五十音圖內有四十八個不同的假名，故一個音節時共可組成四十八種讀音不同的詞。不過，一個音節的日語語詞中，有許多詞為同音異義。

譬如「い」可以是「衣」、「醫」、「意」、「異」，這裡我們會將這四個詞都算成同一種詞。

兩個音節的詞又如何呢？為了簡化問題，這裡讓我們再加上「一個音節只能用一次」的限制吧。

所以，第一個音節有四十八種選擇，第二個音節則有四十七種選擇，共有

$$48\times47=2256\text{種}$$

是不是比想像中還要少呢？各位也想想看有沒有其他例子吧。

同樣的，三個音節的詞共有

$$48 \times 47 \times 46 = 103776\text{種}.$$

再來，四個音節的詞共有4669920種，五個音節的詞則有205476480種。當然，這包括了許多在實際日語中並不存在的「ん」開頭的詞，以及其他沒有意義的詞。不過，先不要管這些細節，我們才能看到整個問題的全貌。要是一開始就計較一些小地方，在找到答案以前就會累垮。

**「俳句」**和**「短歌」**是日本的傳統，有**「世界最短的文學」**之譽。俳句由描述季節的詞——稱做**「季語」**排列而成，為「五，七，五」的形式，共有十七個音節。另一方面，短歌則是「五，七，五，七，七」，共有三十一個音節。次頁是一個俳句的例子，只要是日本人就一定聽過這首俳句。

那麼，如果我們從四十八個假名中選出十七個假名，作一首俳句，但不能選到重複的假名，這樣可以作出幾首俳句呢？我們在前面的章節中曾介紹過這種問題的計算方式，如下。

$$48! \div (48-17)! = 15096873615814795776491520 00$$

這個數字還真大啊，你要不要也試著作一首俳句呢？

蹦！
典雅的池塘
有青蛙縱身躍入
揚起水花聲

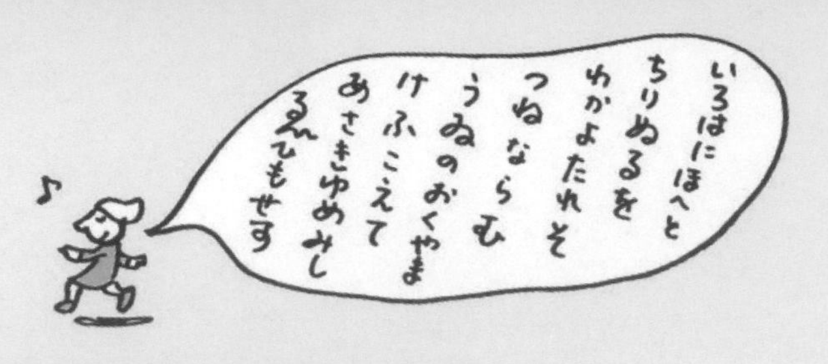


如果是創作短歌的話，計算方式也是一樣。

48!÷(48－31)!

＝3490119304746851535698729158654040211456000000 0

三十一個假名都不同的短歌就是有那麼多首。

## 創作新的「伊呂波歌」

照這個脈絡思考下去，最後的問題就是「假設我們要將所有假名不重複地寫一遍，可以寫成多少種排列」。這個問題相當有趣，不僅能幫助學習假名，也能當成文字遊戲來玩玩看。

上方圖為「伊呂波歌」的原文，「伊呂波歌」是一首七五調四句和歌，用到了「ん」以外的四十七個假名，且同一假名不重複使用。有人說這是弘法大師·空海的作品，不過目前的研究否定了這個傳說。

那麼，如果「ん」以外的四十七個假名各用一次，理論上可以作出幾首不同的「伊呂波歌」呢？

這個數字會等於47!，如下所示。

47!＝2586232415111681806429643551536
119799691976323891200000000000

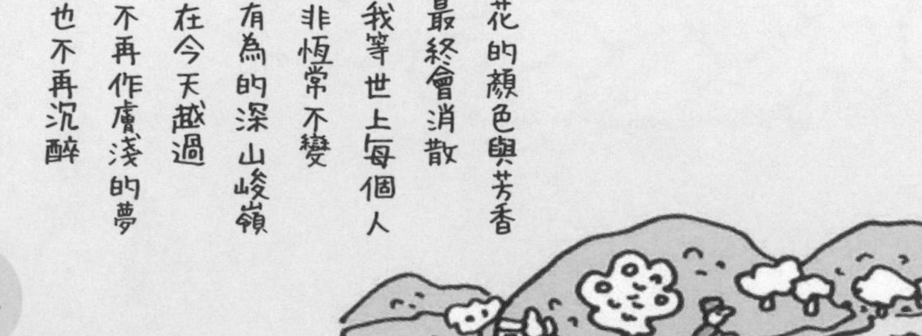

這個數字還真大啊。大家也試著挑戰看看吧。將一個個假名分別寫在不同的紙張，然後全部攤在地板上，或許就能萌發出不錯的靈感囉。

以上介紹的就是，乍看之下和數學沒關係的俳句、短歌、伊呂波歌，利用階乘來算出它們有多少種「可能性」。

# 24 質數沙漠與看起來很有趣的質數

前面我們曾提過「所有自然數都可表示為質數的乘法」；以及「質數有無限個」，但「數字愈大時，質數分布得愈分散」。另外也提到了「階乘」這種巨大數字的表示方式。

事實上，階乘與質數這兩個概念組合在一起時，會發生很有趣的事喔。

**質數的沙漠**

我們可以用階乘製造出一個連續的合數區間，也可以說是一個找不到任何質數的「質數沙漠」。

以10的階乘為例，可寫出

$$
\begin{aligned}
10!+2 &= 3628802,\\
10!+3 &= 3628803,\\
10!+4 &= 3628804,\\
10!+5 &= 3628805,\\
10!+6 &= 3628806,\\
10!+7 &= 3628807,\\
10!+8 &= 3628808,\\
10!+9 &= 3628809,\\
10!+10 &= 3628810
\end{aligned}
$$

像上面的算式。而10的階乘的原始算式為

$$1\times2\times3\times4\times5\times6\times7\times8\times9\times10=10!(=3628800)$$

因此我們將算式的階乘拆開，就可以改寫成

$$\begin{aligned}
10!+2 &=(1\times2\times3\times4\times5\times6\times7\times8\times9\times10)+2\\
&=\mathbf{2}\times(1\times3\times4\times5\times6\times7\times8\times9\times10+1),\\
10!+3 &=(1\times2\times3\times4\times5\times6\times7\times8\times9\times10)+3\\
&=\mathbf{3}\times(1\times2\times4\times5\times6\times7\times8\times9\times10+1),\\
10!+4 &=(1\times2\times3\times4\times5\times6\times7\times8\times9\times10)+4\\
&=\mathbf{4}\times(1\times2\times3\times5\times6\times7\times8\times9\times10+1),\\
10!+5 &=(1\times2\times3\times4\times5\times6\times7\times8\times9\times10)+5\\
&=\mathbf{5}\times(1\times2\times3\times4\times6\times7\times8\times9\times10+1),\\
10!+6 &=(1\times2\times3\times4\times5\times6\times7\times8\times9\times10)+6\\
&=\mathbf{6}\times(1\times2\times3\times4\times5\times7\times8\times9\times10+1),\\
10!+7 &=(1\times2\times3\times4\times5\times6\times7\times8\times9\times10)+7\\
&=\mathbf{7}\times(1\times2\times3\times4\times5\times6\times8\times9\times10+1),\\
10!+8 &=(1\times2\times3\times4\times5\times6\times7\times8\times9\times10)+8\\
&=\mathbf{8}\times(1\times2\times3\times4\times5\times6\times7\times9\times10+1),\\
10!+9 &=(1\times2\times3\times4\times5\times6\times7\times8\times9\times10)+9\\
&=\mathbf{9}\times(1\times2\times3\times4\times5\times6\times7\times8\times10+1),\\
10!+10 &=(1\times2\times3\times4\times5\times6\times7\times8\times9\times10)+10\\
&=\mathbf{10}\times(1\times2\times3\times4\times5\times6\times7\times8\times9+1)
\end{aligned}$$

由此可知，這些數分別是2、3、4、5、6、7、8、9、10的倍數，也就是說，這些數都是合數。因此，從10!＋2到10!＋10的這九個數都不是質數。

若改以100!為準，那麼

100!+2,　100!+3,　100!+4,　100!+5,
......, 100!+98,　100!+99,　100!+100

這99個數都不會是質數。

以1000!為準時，會有999個連續的合數；以10000!為準時，會有9999個連續的合數。以這種方式就可以幫助我們找到「質數沙漠」，而且這個沙漠要多大就有多大。這樣想必你也能理解質數的分布有多分散了吧。

**即使在很大的區間內沒有任何質數，質數仍有無限個。**而且，若為質數依序編號，譬如「第一個質數是2」、「第二個質數是3」、「第三個質數是5」、「第四個質數是7」，便可得知質數與自然數的數目相同，都能以**「阿列夫零」**表示。

「質數火箭筒」發射子彈的頻率比較低，卻也有無限發子彈。質數的魅力就在於分布很分散，卻確實存在。

## 迴文與看起來很有趣的質數

以下讓我們來介紹一些很有趣的質數吧。首先是

★1234567891,

★1234567891234567891234567891,

★1234567891234567891234567891234567891234567891234567891234567

這些數字的排列很有趣吧。

各位知道什麼是**「迴文」**嗎？所謂迴文，是指

「上海自來水來自海上」　「天上龍捲風捲龍上天」

「人人為我、我為人人」

這種，「從右邊讀到左邊，和從左邊讀到右邊，得到的內容完全相同的文字」。各位要不要挑戰寫出「迴文」呢？這種文字遊戲還滿有趣的喔。

這裡就來聊聊，不管是從右邊讀到左邊，或從左邊寫到右邊時，都會得到相同結果的數字──**「迴文數」**吧。譬如

1,

121,

12321,

1234321,

123454321,

12345654321,...

有趣的是，這些數分別可以寫成

$$1^2, 11^2, 111^2, 1111^2, 11111^2, 111111^2,...$$

也就是說，「11…11」這種只有1的數本身是迴文數，而且它們的平方也會是迴文數。試著用計算機自行確認看看吧。

只由1寫成的迴文數有個名稱，叫做**「循環單位」**（repeat unit），即重複的（repeat）1（unit）之意。

而這些「循環單位」中，某些數也是質數，即所謂的「迴文質數」。

$$11,\ \underbrace{11\cdots11}_{19個},\ \underbrace{111\cdots111}_{23個},\ \underbrace{1111\cdots1111}_{317個},\ \underbrace{11111\cdots11111}_{1031個}$$

雖然我們只有看到「滿滿的1」，但這些數確實都是質數。

**質數有無限個，和同樣有無限個的自然數一樣多。而且自然數的世界中還存在著完全沒有質數，「如沙漠般的區間」。**看到這裡，各位是否也能體會到質數的奧妙之處了呢？

1
121
12321
1234321
123454321
12345654321
1234567654321
123456787654321
12345678987654321
1234567890987654321
123456789010987654321
12345678901210987654321

# 25 質數總結

前面我們提過了各種和質數有關的主題，並分析了質數的各種性質。最後讓我們簡單回顧一下吧。

質數指的是，除了1和自己之外，沒有其他因數的數。目前我們還不知道該如何依順序直接找出一個個質數。目前搜尋質數的方法中，最簡單的是**「厄拉托西尼篩選法」**（第15章）。100以下的數中，包含了以下二十五個質數。

2, 3, 5, 7, 11, 13, 17, 19, 23, 29, 31, 37, 41,
43, 47, 53, 59, 61, 67, 71, 73, 79, 83, 89, 97.

質數有無限個。也就是說，最大的質數並不存在。為了說

明這件事，我們也一同介紹了什麼是**「證明」**（第16章）。

因為質數有這些性質，所以在搜尋巨大質數時，需要電腦的幫忙才行。其中，很多人熱中於尋找「梅森質數」形式的質數（第17章）。

所有自然數皆可表示為質數的乘積，這個過程也稱做**「質因數分解」**。因為質數的這個特徵，所以我們可以把質數想成是**「數的原子」**（第18章）。

質因數分解很大的數是一項非常艱難的任務，也因此，質因數分解可以用來製作**「密碼」**（第19、20章）。

我們可以利用**「階乘」**這種計算方法找出一個不存在任何質數的連續空間。這種方法也可以幫助我們理解到，質數是非常稀有的數（第24章）。

## 質數的個數

質數有許多有趣的性質，而且質數有無限多個；不過當數字愈大時，質數的分布就愈稀疏。目前沒有任何方法能依序找出一個個質數。那麼，分布如此稀疏，如同「沙漠中的綠洲」般的質數，是否就真的沒有任何一般性的分布規律呢？

先不要看個別的質數性質，而是把焦點放在質數整體的性質上。讓我們來看看特定範圍內的質數個數吧。

我們知道100以下的質數共有二十五個。右頁圖中，橫軸由左到右為依序排列的自然數，縱軸則表示該自然數之前有多少個質數。

數學中的**「圖」**，可以將數的關係以可見的形式表示出來。右頁上圖中有許多「長條狀的長方形」，故也稱做**「長條圖」**。

將一定範圍內的質數個數畫成圖，便可觀察到質數數目增長的整體情況。

如果將長條圖的端點以線段連接起來，得到的圖就叫做**「折線圖」**（右頁下圖）。

## 探究質數的分布規則

那麼，讓我們試著從稍遠的地方來觀看這個折線圖吧。請將書拿遠一點。這時折線上凹凸不平的地方是否看起來比較平緩了呢？折線看起來是否比較像是「平滑的曲線」了呢？

看起來
好像樓梯喔
25
20
15
10
5
10
20
30
40
50
60
70
80
90
100

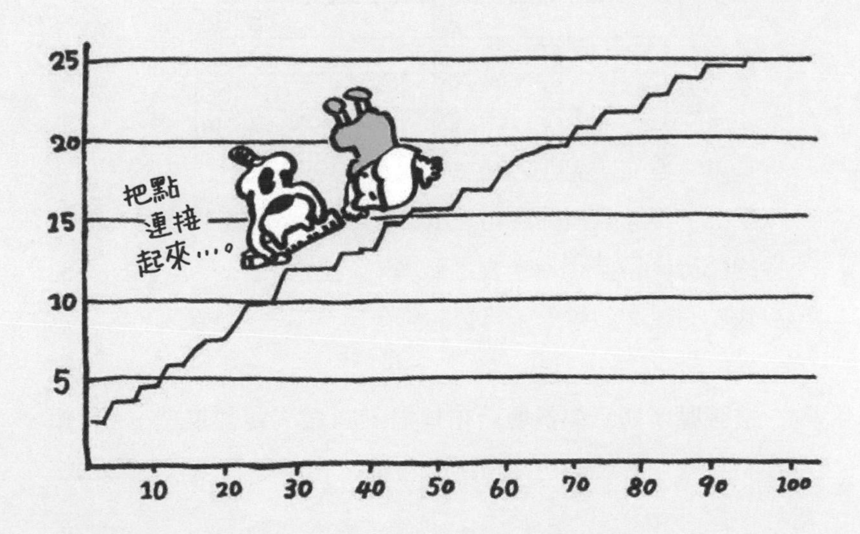
把點
連接
起來⋯。
25
20
15
10
5
10
20
30
40
50
60
70
80
90
100

雖然我們沒辦法依順序一個個求出質數，而且質數少到像是隱藏在沙漠中的寶石，甚至質數的分布也沒有一定規則，但如果我們把焦點放在質數的個數上，由這張圖便可發現到質數的分布有著「明顯的規則」。

讓我們試著擴大範圍，看看大範圍中的質數個數。

下表列出了不同範圍中的質數個數。若將其畫成折線圖，會發現凹凸不平的部分幾乎被弭平，就像是一條直線一樣。

| 數值範圍 | 質數個數 |
|---:|---:|
| 10 | 4 |
| 100 | 25 |
| 1000 | 168 |
| 10000 | 1229 |
| 100000 | 9592 |
| 1000000 | 78498 |
| 10000000 | 664579 |
| 100000000 | 5761455 |
| 1000000000 | 50847534 |
| 10000000000 | 455052511 |

當然，不管數值範圍再怎麼大，折線圖上還是會存在凹凸不平的部分，只是因為拉大了範圍使凹凸變得不明顯而已。但至少我們可以大致看出，質數的分布還是有一個規則在。

**這張圖所顯示的質數分布規則，叫做「質數定理」**。看起來沒有規則，四散於自然數中的質數，也存在著這種「隱藏的統一性」。

數學家們將由質數定理誕生的新數學領域，稱做**「ζ（zeta）的世界」**，名字很帥吧。**這是大數學家「黎曼」提出的數學難題。**

做為「數的原子」，質數不僅是我們研究自然數時的重要工具，質數本身也是擁有許多意外性的神奇數字。許多質數的神奇特性至今仍有不明之處。

雖然簡單，但也很難；雖然單純，但也複雜。數學中的王者「質數」，正等著各位前來挑戰。

鼓起你的幹勁來挑戰**「ζ之謎」**吧！

## 整體複習：從算式來複習內容！

本書中由各種數學概念寫出了各種數學式。請你試著從相反的角度，用數學式來說明數學概念。這些數學式想表達些什麼呢？或許你不曾在學校學過式中某些符號或寫法，但這些數學式其實只會用到四則運算，只要有學過四則運算就知道該怎麼算了。試著用簡單的計算過程來說明數學式的意義，會有很好的複習效果。

| 數學式 | 登場頁數 |
| --- | --- |
| $1, 2, 3, 4, 5, 6, 7, 8, 9, 10, 11, 12, 13, 14, 15, \ldots$ | p.5 |
| $11+22=22+11, \quad 22\times11=11\times22$ | p.8 |
| $600<151+246+373<1000$ | p.23 |
| $1964=1\times10^3+9\times10^2+6\times10+4$ | p.32 |
| $100000=1\times(24\times60^2)+3\times60^2+46\times60+40$ | p.46 |
| $1+2+3+4+5+\cdots\cdots+97+98+99+100=5050$ | p.100 |
| $1+3+5+7+9=25(=5\times5)$ | p.104 |
| $2^{57885161}-1$ | p.123 |
| $26190=2\times3^3\times5\times97$ | p.136 |
| $1\times2\times3\times4\times5\times6\times7\times8\times9\times10=10!=3628800$ | p.144 |
| $[15!\div(15-9)!]\div9!=5005$ | p.158 |

## 帶著嚮往的心情說出「你好嗎？」

過去我們曾將雜誌《孩子的科學》上的連載整理成三冊出版，後來又將三冊重新編輯成一冊。分成三冊出版時，曾被某本著名小說當做為參考資料引用，後來還改編成電影，因此獲得了出乎意料之外的好評。但在以單行本的形式出版時，必須捨棄連載中與季節、時事有關的內容，使單行本看起來少了一些季節感。重新編輯時，我們修正了許多細節，讓整本書煥然一新。（※編按：中文版即採用重新編輯後的內容）

做為一本以小學生為目標讀者的書籍，有人認為本書內容過於艱澀。不過，小學生不也是因為**邂逅了歷史名曲、世界著名的演出**，才下定決心要學習樂器的嗎？應該很少人是因為嚮往彈奏只有四分音符的練習曲，而開始學習音樂的吧。

學校教育中的數學很強調計算練習，要求學生熟練各種題目的解題方式，就像是音階練習般單調。當然，不論是音樂還是數學，都需要反覆練習基本功，但如果對未知沒有期待、沒有憧憬的話，一般人都無法忍受反覆練習的枯燥。

本書的目的就是帶來「數學中的歷史名曲」。若有了嚮往的目標，那麼就算一直練習計算或背公式，也不覺得痛苦，反而會樂在其中。只有反覆練習，數學能力才會愈來愈強。

因為有「想了解更多」的熱情，才會「深入思考」；若想保持長時間的熱情，就必須有「嚮往」的目標。

**重要的不是現在明白到了什麼，而是現在嚮往的是什麼。**

以上就是本書蒐羅到的各家名曲，雖然演奏談不上精湛，但做為學校教育的補充已綽綽有餘，敬請多加利用。

# 索引

著者簡介

## 吉田武

京都大學工學博士（數理工學專攻）

以自己的觀點撰寫多本數學、物理學的自學書籍。
其中，東海大學出版部出版了數學相關的三部作品，分別為
《虛數的情緒：國中生的全方位自學法（虚数の情緒：中学生からの全方位独学法）》
——獲得平成 12 年度「技術、科學圖書文化賞」（日本工業新聞社）
《新裝版 歐拉的禮物：學習人類的寶物 $e^{i\pi}=-1$（新装版オイラーの贈物：人類の至宝 $e^{i\pi}=-1$ を学ぶ）》
《質數夜曲：女王陛下的 LISP（素数夜曲：女王陛下の LISP）》
另有介紹電磁學基礎實驗與理論的
《門鈴的科學：從電子零件的運作到物理理論（呼鈴の科学：電子工作から物理理論へ）》（講談社現代新書）
以及融合本書精神的物理學入門書
《從幾何開始的物理啟蒙書（はじめまして 物理）》。

封面、內頁插畫

## 大高郁子

插畫家

京都精華大學設計科畢業。
主要工作為書籍封面插圖、雜誌插圖、網站插圖等。
曾獲 2013 年度 HB Gallery File Competition 日下潤一賞。

# 奠定數學領域基礎！
# 從1開始的數學啟蒙書
## 自然數・質數

2020年7月15日初版第一刷發行

著　　者　吉田武
譯　　者　陳朕疆
編　　輯　劉皓如
美術編輯　黃郁琇
發 行 人　南部裕
發 行 所　台灣東販股份有限公司
＜地址＞台北市南京東路4段130號2F-1
＜電話＞(02)2577-8878
＜傳真＞(02)2577-8896
＜網址＞http://www.tohan.com.tw
郵撥帳號　1405049-4
法律顧問　蕭雄淋律師
總 經 銷　聯合發行股份有限公司
＜電話＞(02)2917-8022

國家圖書館出版品預行編目資料

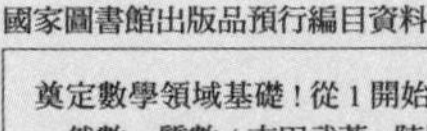

奠定數學領域基礎！從 1 開始的數學啟蒙書：自然數・質數 / 吉田武著；陳朕疆譯. -- 初版. -- 臺北市：臺灣東販, 2020.07
192 面；14.7×21 公分
ISBN 978-986-511-371-1(平裝)

1. 數學

310　　109007115